普通高等教育“十四五”系列教材

程序设计基础实践教程（C/C++语言版）

主　编　张桂芬　葛丽娜

副主编　李熹　刘美玲　李海滨　王哲

中国水利水电出版社
www.waterpub.com.cn
·北京·

内 容 提 要

本教程是一本兼具趣味性和实用性的程序设计基础实践教材，共 9 章，内容包括三种基本结构、数组、字符串、函数与结构体、递推与递归、枚举算法、排序算法、指针、学生成绩管理系统。全书采用伪代码作为数据结构及算法的描述语言。本教程设计了大量体系化例题和实践内容，在案例的不断深化中逐步引出知识点，启发学生循序渐进地学习与实践，掌握“分析问题→设计算法→编写及运行程序→分析结果”的问题求解方法。

本教程主要面向计算机类专业已完成 C/C++语言编程基础学习的学生。学生在完成程序设计语言类前驱课程的学习后，在本教程的指导下开展学习与实践，可以进一步稳固编程基础，提高问题分析、算法设计和程序编制的综合能力。本教程承上启下，为学生顺利进入下一阶段的“数据结构”等专业课程的学习夯实基础。

本教程配套有多媒体课件、例题及实践题源代码、在线评测题库包等教学资源，读者可以从中国水利水电出版社网站（www.waterpub.com.cn）或万水书苑网站（www.wsbookshow.com）免费下载。

图书在版编目（ＣＩＰ）数据

程序设计基础实践教程 ：C/C++语言版 / 张桂芳，葛丽娜主编. -- 北京 ：中国水利水电出版社，2023.11
普通高等教育“十四五”系列教材
ISBN 978-7-5226-1872-2

Ⅰ. ①程… Ⅱ. ①张… ②葛… Ⅲ. ①C语言－程序设计－高等学校－教材 Ⅳ. ①TP312.8

中国国家版本馆CIP数据核字(2023)第192007号

策划编辑：周益丹　　责任编辑：高辉　　加工编辑：白绍昀　　封面设计：苏敏

书　　名	普通高等教育“十四五”系列教材 程序设计基础实践教程（C/C++语言版） CHENGXU SHEJI JICHU SHIJIAN JIAOCHENG (C/C++YUYAN BAN)
作　　者	主　编　张桂芬　葛丽娜 副主编　李熹　刘美玲　李海滨　王哲
出版发行	中国水利水电出版社 （北京市海淀区玉渊潭南路 1 号 D 座　100038） 网址：www.waterpub.com.cn E-mail：mchannel@263.net（答疑） sales@mwr.gov.cn 电话：（010）68545888（营销中心）、82562819（组稿）
经　　售	北京科水图书销售有限公司 电话：（010）68545874、63202643 全国各地新华书店和相关出版物销售网点
排　　版	北京万水电子信息有限公司
印　　刷	三河市鑫金马印装有限公司
规　　格	184mm×260mm　16 开本　8 印张　205 千字
版　　次	2023 年 11 月第 1 版　2023 年 11 月第 1 次印刷
印　　数	0001—2000 册
定　　价	25.00 元

前言

党的二十大指出，加强基础学科、新兴学科、交叉学科建设，加快建设中国特色、世界一流的大学和优势学科，推进教育数字化，建设全民终身学习的学习型社会、学习型大国。在新工科建设中，计算思维与算法逻辑的培养，是高校工科、理科、经济学科等诸多学科人才培养中的重要内容，奠定了学生利用现代化工具解决复杂工程问题的基础。于是，以学生为中心，如何建立以及建立何种程序设计与实践途径，实现计算思维与算法逻辑的高效养成，是当前高校面向产出的人才培养与课程教学的核心问题。

近十年来，教学团队立足计算机科学与技术学科与专业，对上述问题进行了不间断的研究和实践，多次优化了程序设计与实践过程。教学团队在大量的教育教学改革项目及成果的支撑下，撰写了本教程，旨在通过本教程的学习和指导，提升学生计算思维与算法逻辑培养的效率，引导学生建立有效的科学方法，强化学生使用科学工具解决复杂工程问题的能力。

本教程共 9 章。其中，第 1 章强调了三种基本结构及结构化设计的由来及应用；第 2 章阐述了数组的存储特点及一维数组、二维数组与字符数组的概念，旨在令学生掌握一维数组、二维数组和字符数组的定义、初始化和数组元素的使用方法，能够正确使用数组作为存储结构来解决实际问题；第 3 章描述了字符串的表示方式及输入/输出方法，旨在令学生理解常用的字符串处理函数的功能、用法及应用场景，并熟练应用函数解题，掌握 string 变量的定义方法、常用操作和常用函数；第 4 章则分别阐述函数的定义和调用方法、结构体变量及结构体数组的定义、引用及初始化方法，旨在引导学生建立正确使用指向结构体类型数据的指针及向函数传递结构体的方法；第 5 章从问题的角度建立递推思维，引导学生理解递归算法思想和递归调用流程，掌握递归算法设计的流程和实现递归算法的编码，评价所设计程序的时间及空间复杂性；第 6 章对枚举算法的思想及程序的执行过程进行描述，旨在令学生掌握分析枚举算法时间复杂度的方法并能提出优化枚举算法的方案，设计解决复杂问题的枚举算法并论证其可行性；第 7 章讲述各种常见的排序算法及其时间复杂度，旨在引导学生理解并掌握常见的排序算法思想及适用场景，令学生能够分析较复杂的应用问题并设计基于常见排序算法的解决方案；第 8 章对指针变量的定义、初始化方法及指针的算术运算进行强化学习，旨在令学生掌握指针对数组的操作方法、多字符串处理方法、函数指针使用方法等；第 9 章以学生成绩管理系统的设计与实现为例，旨在培养学生对于实际应用建立数学模型、分析及解决问题的能力，培养学生软件工程规范化思想，养成良好的科学作风。

本教程设计了 38 个优选例题和 40 个体系化的实践任务，采用伪代码作为数据结构及算法的描述语言，帮助学生循序渐进地建立并筑牢计算思维与算法逻辑。建议学生依照书中例题与实践项目的顺序，在理解原理的基础上，通过上机练习逐步形成科学的方法和积累经验，以应对今后学习和工作中面临的各类复杂工程问题。同时教师可以利用本教程配套的在线评测题库包（含有题面及测试数据）部署自己的在线评测实践系统，并应用于课程的实验教学中，可有效提高学生学习效率及培养学生良好的自学习惯和探究精神。

本教程既是教学团队近十年来有关高校学生计算思维与算法逻辑培养方法研究成果的应用，也是团队中诸位老师多次实践与优化的结果。本教程由张桂芬和葛丽娜任主编，李熹、刘美玲、李海滨、王哲任副主编，孟华志和覃春芳参与了部分章节内容的编写。黄志聪、罗武晨、屈进军、徐郅涵等参与了本教程配套教学资源的建设工作。

本教程获得广西民族大学教材建设基金出版资助，出版工作得到广西民族大学人工智能学院、广西民族大学教务处的大力支持，在此表示衷心的感谢！

由于作者水平有限，本教程可能存在不当之处，恳请广大读者不吝赐教及批评指正。

编 者

2023 年 7 月

目　录

第 1 章　三种基本结构

学习目标

1. 掌握关系表达式和逻辑表达式的使用方法，掌握逻辑量的表示方法；
2. 熟悉结构化程序设计的三种基本结构；
3. 熟练使用 if、switch、for、while、do…while 等语句进行程序设计；
4. 掌握多分支选择和循环嵌套的控制方式，能够在程序设计中用循环的方法实现各种算法（如枚举、迭代、递推等）；
5. 建立程序设计的数理与逻辑思维，具备一定的工程意识，为解决复杂软件工程问题打下基础。

1.1 内容要点

为什么程序设计语言只需三种基本的程序结构就够用了？这个问题是有严格论证的。1966 年，计算机科学家博姆·科拉多（Bohm C.）和朱塞佩·雅各皮尼（Jacopini G.）证明了这样的事实：任何简单或复杂的算法都可以由顺序、选择和循环这三种基本结构组合而成。所以，它们就被称为程序设计的三种基本结构，也是结构化程序设计必须采用的结构。

什么是结构化？荷兰学者迪杰斯特拉（Dijkstra）于 1968 年提出了“结构化程序设计”的思想，它规定了一套方法，使程序具有合理的结构，以保证和验证程序的正确性。这种方法要求程序设计者不能随心所欲地编写程序，而要按照一定的结构形式来设计和编写程序。它的一个重要目的是使程序具有良好的结构，易于设计，易于理解，易于调试修改，以提高设计和维护程序工作的效率。所谓结构化程序就是由三种基本结构所组成的程序，三种基本结构都具有以下特点：

（1）有一个入口。

（2）有一个出口。

（3）结构中每一个模块都应当有被执行到的机会，即每一个模块都应当有一条从入口到出口的路径通过它（至少通过一次）。

（4）没有死循环。

按结构化程序设计方法设计的程序的优点是结构良好、各模块间的关系清晰简单、每一模块内都由基本单元组成；同时，由于采用了“自顶向下、逐步求精”的实施方法，能有效组织设计思路，有利于软件的工程化开发。

1.1.1 顺序结构

顺序结构是最简单的程序结构，也是最常用的程序结构，它的特点是按部就班，即依据编写的代码从上至下顺序执行直至完成。

1.1.2 选择结构

选择结构通过判断某些特定条件是否满足来决定下一步的执行流程，是非常重要的控制结构。常用到的选择结构有三种：单分支选择、双分支选择、多分支选择。

1. 单分支选择

单分支选择语句句型如下：

```
if (表达式 P) 语句 A;
```

如果表达式 P 为真，则执行语句 A，否则不做任何操作。

2. 双分支选择

双分支选择语句句型如下：

```
if (表达式 P) 语句 1;
else 语句 2;
```

如果表达式 P 为真，则执行语句 1，否则执行语句 2。使用单分支选择语句，面临的选择是，要么执行一条语句，要么跳过该语句；而使用双分支选择语句，面临的选择是，在两条语句中选择其中的一条来执行。

3. 多分支选择

（1）句型 1：if 嵌套语句。语句句型如下：

```
if (表达式 1) 语句 1;
else if (表达式 2) 语句 2;
…
else if (表达式 n) 语句 n;
else 语句 n+1;
```

if 嵌套语句使程序控制流程形成多个分支，根据表达式的不同取值选择其中一个分支执行。

（2）句型 2：switch 语句。语句句型如下：

```
switch (表达式 P)
{
  case 常量 1:
    语句系列 1;
  case 常量 2:
    语句系列 2;
  …
  case 常量 n:
    语句系列 n;
  default:
    语句系列 n+1;
}
```

switch 语句的表达式 P 只能是 char 型或 int 型，这在一定程度上限制了该语句的应用。语句关键字 case 后面接着的是常量，常量的类型应该与表达式 P 类型一致。switch 语句使程序控制流程形成多个分支，根据表达式的不同取值，选择一个或几个分支去执行。

（3）if 嵌套语句与 switch 语句的区别与联系。

1）switch 语句只支持常量等值的分支判断，而 if 嵌套语句支持多种类型的表达式判定；

2）switch 语句通常比一系列嵌套 if 语句的效率更高、逻辑更加清晰；

3）用 switch 语句能做的，if 嵌套语句都能做，相反则不行；

4）建议判断固定值时用 switch 语句，判断区间或范围值时用 if 嵌套语句。

1.1.3　循环结构

循环结构是指在程序中因需要反复执行某个功能而设置的一种程序结构，可以将其看成由一个条件判断语句和一个向回转向语句的组合。循环结构由三个要素组成，具体如下：

（1）循环变量：在循环过程中反复改变的量；

（2）循环体：被反复执行的程序段；

（3）循环终止条件：循环结束的条件。

常见的循环结构有三种，分别为 for 循环、while 循环、do…while 循环，它们都可以用来处理同一个问题，一般可以互相代替。C 语言中还有一个 goto 语句，它也能构成循环结构，但由于 goto 语句很容易造成代码混乱，使得代码维护和阅读困难，不推荐使用。学习三种循环结构的重点在于弄清它们相同与不同之处，以便在不同场合下使用。可以对同一道例题，分别用三种结构来完成，把每种循环的流程图理解透彻。循环语句特别要注意在循环体内应包含趋于结束的语句（即循环变量值的改变），否则就可能形成死循环，这是初学者的一个常犯错误。

1. for 循环

for 循环是最常用的循环模式，它的功能强大，一般可以代替其他循环。for 循环是先判断条件，再执行循环体，属于当型循环。句型如下：

```
for (初始化表达式; 循环控制表达式; 增量表达式)
{
    语句序列;
}
```

2. while 循环

while 循环是基本的循环模式，它也是先判断条件，再执行循环体，属于当型循环。句型如下：

```
while (表达式 P)
{
    语句序列;
}
```

3. do…while 循环

do…while 循环在执行一次循环之后才判定是否要再次执行循环，因此循环至少要被执行一次，属于直到型循环。句型如下：

```
do
{
    语句序列;
}while (表达式 P);
```

4. 循环嵌套

循环嵌套就是一个循环的循环体中有另外一个循环。一个循环的外面包围一层循环称为二重循环，外面包围两层循环称为三重循环，以此类推，外面包围多层循环则为多重循环。嵌套循环可以使复杂的问题结构化，把功能拆分成一个个更小的功能来实现。许多问题需要使用嵌套循环结构才能得以快速解决，例如打印九九乘法表、处理二维数组、打印二维图形等。在嵌套循环实现的过程中必须要注意结构上的逻辑正确性，要保证每一个小的功能能够完全正确，最终组合实现既定功能。

5. *几种循环语句的应用场景*

C 语言中的循环语句可以让程序重复执行一定的操作，从而简化代码并提高程序效率。为了更好地使用几种循环语句，将各种语句适用的应用场景作出如下总结。

（1）for 循环：一般是在循环次数事先能确定的情况下使用，通常用于遍历、穷举、迭代处理数组或列表中的元素。例如计算系列元素总和、平均值、最大值或最小值、计数等。

（2）while 循环：一般是在循环次数未知，且循环受到严格条件控制的情况下使用。例如循环读取文件中的内容、游戏的死亡重生等。

（3）do...while 循环：do...while 循环与 while 循环类似，但会先执行一次循环体，再判断条件是否满足。例如循环实现用户输入验证，确保用户输入的是有效数据。

（4）循环嵌套：循环嵌套通常用于处理复杂的问题。例如多维数组的遍历、图形的绘制等。循环嵌套可以使程序更加简洁，同时也可以提高程序效率。

1.2 案例分析

例题 1.1：两数交换。

【题目描述】（顺序结构）

输入整数 a、b，交换这两个数的值。

【算法设计与实现】

```
int main()
{
    输入 a,b;
    temp=a;
    a=b;
    b=temp;
    输出 a,b;
}
```

例题 1.2：求两数最大者。

【题目描述】（选择结构）

（1）使用单分支选择语句，计算并输出两个整数的最大值。

（2）使用双分支选择语句，计算并输出两个整数的最大值。

【算法设计与实现】

解题方法一：使用单分支选择语句实现。

```
int main()
{
    输入 a,b;
    if (a>=b)    max=a;
    if (a<b)     max=b;
```

```
    输出 max;
}
```

解题方法二：使用双分支选择语句实现。

```
int main()
{
    输入 a,b;
    if (a>=b)   max=a;
    else        max=b;
    输出 max;
}
```

与方法一的算法相比，方法二的算法只修改了第 3 行代码，把两个单分支选择语句变成了一个双分支选择语句，实现了相同的功能。比较两个算法的时间效率，双分支选择算法的效率更高，因为执行一个双分支选择语句，只用判定一个条件表达式（a>=b），而执行两个单分支选择语句，需要判定两个条件表达式（a>=b）和（a<b）。

例题 1.3：判定字符类型。

【题目描述】（选择结构）

从键盘输入一个字符，判定该字符是数字字符、小写字母字符、大写字母字符还是其他字符。

【算法设计与实现】

```
int main()
{
    输入 ch;
    if (ch>='0' && ch<='9')   printf("字符为数字字符");
    else if (ch>='a' && ch<='z')   printf("字符为小写字母字符");
    else if (ch>='A' && ch<='Z')   printf("字符为大写字母字符");
    else printf("字符为其他字符");
}
```

例题 1.4：成绩转换。

【题目描述】（选择结构）

从键盘输入整型百分制成绩 score，转换成对应的字符型等级成绩 grade，转换标准如下：

$$grade = \begin{cases} A & 90 \leqslant score \leqslant 100 \\ B & 80 \leqslant score < 90 \\ C & 70 \leqslant score < 80 \\ D & 60 \leqslant score < 70 \\ E & 0 \leqslant score < 60 \end{cases}$$

【算法设计与实现】

解题方法一：用开关语句实现。

```
int main()
{
    输入分数 score;
    switch (score/10)
```

```
    {
        case 10：
        case 9：
          grade='A'; break;    //结果为 9 或 10 都执行该语句系列
        case 8：
          grade='B'; break;
        case 7：
          grade='C'; break;
        case 6：
          grade='D'; break;
        default:
          grade='E';
    }
    输出等级 grade;
}
```

解题方法二：用 if 嵌套语句实现。

```
int main()
{
    输入分数 score;
    if (score>=90 && score<=100)      grade='A' ;
    else if (score>=80 && score<90)    grade='B' ;
    else if (score>=70 && score<80)    grade='C';
    else if (score>=60 && score<70)    grade='D' ;
    else    grade='E' ;
    输出等级 grade;
}
```

例题 1.5：数列求和。

【题目描述】（循环结构）

从键盘输入整型变量 n，计算并输出 1+2+3+…+n 的值。

【算法设计与实现】

解题方法一：用 for 语句实现。

```
int main()
{
    输入 n;
    sum=0;                    //累加器清 0
    for(i=1;i<=n;i++)         //设置循环变量及循环结束条件
    {
        sum=sum+i;            //累加器运算
    }
    输出 sum;
}
```

解题方法二：用 while 语句实现。

```
int main()
{
    输入 n;
```

```
    sum=0;          //累加器清 0
    i=1;            //设置循环变量初值为 1
    while (i<=n)    //设置循环结束条件
    {
        sum=sum+i;  //累加器运算
        i++;        //改变循环变量
    }
    输出 sum;
}
```

解题方法三：用 do…while 语句实现。

```
int main()
{
    输入 n;
    sum=0;              //累加器清 0
    i=0;                //设置循环变量初值为 0
    do
    {
        sum=sum+i;      //累加器运算
        i++;            //改变循环变量
    }while (i<=n);
    输出 sum;
}
```

例题 1.6：阶乘求和。

【题目描述】（循环结构）

从键盘输入整型变量 n，计算并输出 1！+2！+3！+…+n！的值。

【算法设计与实现】

```
int main()
{
    long sum=0,fac; //累加器清 0
    输入 n;
    for(i=1;i<=n;i++)
    {
        fac=1;  //累乘器置 1
        for(j=1;j<=i;j++)
        {
            fac=fac*j; //累乘器运算
        }
        sum=sum+fac; //累加器运算
    }
    输出 sum;
}
```

例题 1.7：整型数字反转。

【题目描述】（NOIP[1]2011 年普及组）

---

❶ NOIP：全国青少年信息学奥林匹克联赛（National Olympiad in Informatics in Provinces，简称 NOIP）自 1995 年至 2020 年已举办 25 次，每年由中国计算机学会统一组织。

给定一个整数，请将该数各位上的数字反转得到一个新的数字。若新的数字高位为 0，则省略，即最高位应为非 0 的数字。反转过程不改变数字的正负号。

【输入格式】

一行，1 个整数 n。

【输出格式】

一行，1 个整数，表示反转后的新数。

【输入/输出样例】

样例	输入	输出
1	123	321
2	-382	-283
3	380	83
4	-380	-83

【说明/提示】

数据范围：-1000000000≤n≤1000000000。

【算法设计与实现】

本题是选择结构、循环结构的应用。根据题目的数据范围，整数 n 最多做 10 次位数拆分，所以可用暴力模拟法解题。

```
int main()
{
    变量定义及初始化;              //设置标志位 flag 来表示输入值是否是负数
    输入 n;
    if(n<0) { n=-n; flag=true;}    //将负数转成正数，方便处理
    sum=0;                         //从零开始求反转之后的数
    while(n!=0)                    //从后往前拆解 n 的每位数值
    {
        temp=n%10;                 //模运算求 n 的个位数值
        sum=sum*10+temp;           //在原数 sum 的基础上拓展一个个位 temp
        n=n/10;                    //截尾 n 的个位
    }
   if(flag) sum=-sum;
   输出 sum;
}
```

1.3 项目实践

实践 1.1：时间管理大师。

【题目描述】

小民是一位时间管理大师，他总是能够精确、快速地计算出两段时间的差值（a 时 b 分到 c 时 d 分）。请你按照 24 小时制，编程验算小民的计算结果。

【输入格式】

一行，4 个整数，分别表示 a、b、c、d。

【输出格式】

一行，2 个整数 e 和 f，用空格间隔，依次表示共经历了多少小时多少分钟。其中表示分钟的整数 f 应该小于 60。

【输入/输出样例】

样例	输入	输出
1	6 10 7 30	1 20
2	12 50 19 10	6 20

【说明/提示】

对于全部测试数据，0≤a、c≤24，0≤b、d≤60，且结束时间一定晚于开始时间。

【算法分析】

本题是顺序结构的应用。先分别把时间 c 时 d 分和时间 a 时 b 分换算成分钟值，然后相减获得以分钟为单位的时间差，最后把时间差值换算成小时及分钟。

实践 1.2：买铅笔。

【题目描述】（NOIP 2016 年普及组）

小民需要去商店买 n 支铅笔作为小朋友们的礼物。他发现商店一共有 3 种包装的铅笔，不同包装内的铅笔数量、价格有可能不同。为了公平起见，小民决定只买同一种包装的铅笔。商店不允许将铅笔的包装拆开，因此小民可能需要购买 n 支以上铅笔才够给小朋友们发礼物。现在小民想知道，在商店每种包装的数量都足够的情况下，至少要买够 n 支铅笔最少需要花费多少钱。

【输入格式】

第一行，1 个正整数 n，表示需要的铅笔数量。

接下来三行，每行用 2 个正整数描述一种包装的铅笔，第 1 个整数表示这种包装内铅笔的数量，第 2 个整数表示这种包装的价格。

【输出格式】

一行，1 个整数，表示小民最少需要花费的钱。

【输入/输出样例】

样例	输入	输出
1	57 2 2 50 30 30 27	54

【说明/提示】

数据范围：保证输入的 7 个数都是不超过 10000 的正整数。

样例 1 说明：铅笔的三种包装分别是 2 支装，价格为 2 元；50 支装，价格为 30 元；30 支装，价格为 27 元。小民需要购买 57 支铅笔。如果选择购买第一种包装，那么需要购买

29 份，共计 29×2=58 支，需要花费的钱为 29×2=58 元；如果选择购买第二种包装，那么需要购买 2 份，共计 2×50=100 支，需要花费的钱为 2×30=60 元；如果选择购买第三种包装，那么需要购买 2 份，共计 2×30=60 支，需要花费的钱为 2×27=54 元。三种购买方式花最少费用的是第三种，所以最后输出的答案是 54。

【算法分析】

本题是选择结构、循环结构的应用。可用模拟法解题，首先分别循环倍增求三种购买方式的费用，然后求三种费用的最小值。

实践 1.3：ISBN 号码。

【题目描述】（NOIP 2018 年普及组）

假设每一本正式出版的图书都有一个号码与之对应，该号码包括 9 位数字、1 位识别码和 3 位分隔符，其规定格式如：X-XXX-XXXXX-X，其中符号“-”就是分隔符（键盘上的减号），最后一位是识别码，例如 0-670-82162-4 就是一个标准的号码。识别码的计算方法如下：

首位数字乘以 1 加上次位数字乘以 2……以此类推，用所得的结果除以 11，所得的余数即为识别码，如果余数为 10，则识别码为大写字母 X。例如号码 0-670-82162-4 中的识别码 4 是这样得到的：对 067082162 这 9 个数字，从左至右，分别乘以 1，2，…，9 再求和，即 0×1+6×2+…+2×9=158，然后取 158 除以 11 的余数 4 作为识别码。

小民的任务是编写程序判断输入的号码中识别码是否正确，如果正确，则输出 Right；如果错误，则输出正确的号码。

【输入格式】

一行，1 个字符序列，表示一本书的号码（保证输入符合格式要求的号码）。

【输出格式】

一行，假如输入的号码的识别码正确，那么输出 Right，否则，按照规定的格式，输出正确的号码（包括分隔符-）。

【输入/输出样例】

样例	输入	输出
1	0-670-82162-4	Right
2	0-670-82162-0	0-670-82162-4
3	0-670-82111-X	Right

【算法分析】

本题是选择结构、循环结构的应用。可用模拟法解题，首先用字符数组存储输入的号码，循环求出识别码的累加值，然后运算得到识别码的最终值，最后判定识别码是否正确。解题过程中要注意数字字符与整型数字的转换问题，由于字符在内存中存储的是字符的 ASCII 码，例如字符'0'存储的 ASCII 码是 48，数字字符与整型数字的转换关系：整型数字=数字字符-'0'。

实践 1.4：计数问题。

【题目描述】（NOIP 2013 年普及组）

在数学课堂上，老师要求小民完成一个计算任务：计算在区间 1～n 的所有整数中，数字

x（0≤x≤9）共出现了多少次？例如，在 1～11 中，数字 1 出现了 4 次。请你帮助小民编程求解该问题。

【输入格式】

一行，2 个整数 n 和 x，之间用一个空格隔开。

【输出格式】

一行，1 个整数，表示数字 x 在区间 1～n 中出现的次数。

【输入/输出样例】

样例	输入	输出
1	11 1	4
2	10 2	1
3	12 2	2

【说明/提示】

对于全部测试数据，1≤n≤1000000，0≤x≤9。

【算法分析】

本题是二重嵌套循环结构的应用。根据题目的数据范围，外循环工作量的数量级为 10^6，内循环工作量的数量级为 10^1，可用暴力模拟法解题，参考算法如下：

（1）外循环枚举 i=1～n;

（2）内循环对每一个枚举值 i，从后往前拆解它的每位数值，然后对每位数值做判定。

实践 1.5：小民的工资。

【题目描述】

小民在一家公司实习，因为表现出色，老板鼓舞他：第 1 天的工资是 1 元，接下来 2 天的工资是每天 2 元，接下来 3 天的工资是每天 3 元……按这个规则发放工资，一直持续到小民完成工作离开。小民担心这是新的骗术，他打算在公司实习 k 天，请帮助小民计算他应获得的工资。

【输入格式】

一行，1 个正整数 k，表示发放工资的天数。

【输出格式】

一行，1 个正整数，表示小民应收到的总工资。

【输入/输出样例】

样例	输入	输出
1	6	14
2	1000	29820

【说明/提示】

对于全部测试数据，1≤k≤1000。

样例 1 说明：小民第 1 天收到 1 元；第 2 天和第 3 天，每天收到 2 元；第 4 天、第 5 天、第 6 天，每天收到 3 元；因此一共收到 1+2+2+3+3+3=14 元。

【算法分析】

本题是二重嵌套循环结构的应用。根据题目的数据范围，外循环工作量的数量级为 10^2，内循环工作量的数量级为 10^2，可用暴力模拟法解题，参考算法如下：

（1）输入天数 k；

（2）设置标志位 flag=true 来控制二重循环的结束；

（3）外循环枚举 i（i=1;flag;i++），i 表示每天的工资；

（4）内循环枚举 j（j=1;j<=i&&flag;j++），j 表示工资为 i 的天数；

（5）在内循环中进行工资累加（pay += i）、天数累加（days++），直到天数等于 k，则一起结束内外循环，此时 pay 的值就是问题的解。

第 2 章　数　　组

1. 了解数组的存储特点、字符串与字符数组的概念;
2. 掌握一维数组、二维数组和字符数组的定义、初始化和数组元素的使用方法;
3. 能够正确使用数组作为存储结构来解决实际问题;
4. 养成自测习惯，培养检查验证代码中漏洞的意识，对开发产品具备责任心。

2.1 内容要点

2.1.1 一维数组

1. 概念

数组是具有相同类型数据的集合，在内存空间中是一段连续的地址。利用数组可以定义多个相同类型的变量，避免了程序中大量定义变量的情况，使程序变得简洁精练。

2. 定义

一维数组定义格式如下：

```
类型说明符 数组名 [常量表达式];
```

“类型说明符”表示数据类型，即数组中元素的数据类型；“数组名”表示数组的名字；“常量表达式”表示数组元素的数量，即数组的大小。

注意：不能使用变量来定义数组的大小。

例如：

```
int a[10];          //定义内含 10 个 int 类型元素的数组
float b[30];        //定义内含 30 个 float 类型元素的数组
int i=10;
char c[i];          //错误，不能使用变量定义数组的大小，必须是常量表达式
const int i=10;
char c[i];          //正确，此时 i 为常量
double db[-1];      //错误，数组大小必须有意义
```

3. 访问一维数组元素

可以通过数组名和下标（索引）来访问和操作数组元素。一维数组示意图如图 2.1 所示。例如：

```
int a[10];
a[6]=88;
```

访问数组 a[n]时，一定确保下标取值范围为 0～n-1，否则将会造成数组越界。C 语言和

C++语言中出现数组下标越界，编译器不会检查出错误，但是实际后果可能会很严重，比如程序崩溃等。所以在日常的编程中，程序员应当养成良好的编程习惯，避免这样的错误发生。

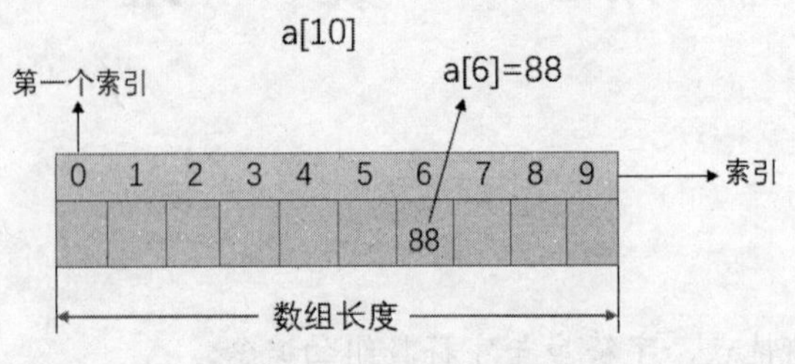

图 2.1　一维数组示意图

例如：

```
int a[10]; //定义数组 a，数组下标取值范围为 0～9
a[10]=1; //错误，数组下标越界
a[12]=1; //错误，数组下标越界
a[-1]=1; //错误，数组下标越界
```

4. 初始化

（1）逐个初始化数组。例如：

```
int a[5]={1,43,7,91,14};
```

当初始化列表中元素的个数小于数组的大小时，编译器会把剩余的元素都初始化（int 型数组为 0，float 型和 double 型为 0.0，char 型数组为'\0 '）。例如：

```
int a[5]={2,3};            //相当于  int a[5]={2,3,0,0,0};
float b[5]={4,7,2};              //相当于 float b[5]={4,7,2,0.0,0.0};
char c[5]={'m', 'o', 'd'};       //相当于  char c[5]={'m', 'o', 'd', '\0','\0' };
```

当初始化列表中元素的个数大于数组的大小时，编译器会报错。例如：

```
int a[5]={2,5,3,7,6,9}; //数组大小为 5，初始化列表有 6 个数据，所以编译器报错
```

（2）利用循环初始化数组。例如：

```
int b[5];
for(int i=0;i<5;i++)
{
    b[i]=i+5;
}
```

2.1.2　二维数组

1. 概念

二维数组是一种特殊的一维数组，可以将二维数组看作一个表格，第一个常量表达式代表行数，第二个常量表达式代表列数。二维数组在概念上是二维的，但在内存上是连续的，即一维的，所以会有两种存放数组的方式：按行排列，即放完第一行后放下一行；按列排列，即放完第一列后放下一列。在 C 语言中，二维数组是按行排列的，如图 2.2 所示。

2. 定义

二维数组定义格式如下：

```
类型说明符 数组名 [常量表达式][常量表达式];
```

例如：

```
int a[3][4];  //定义内含 3 个数组元素的数组，每个数组元素内含 4 个 int 类型的变量
```

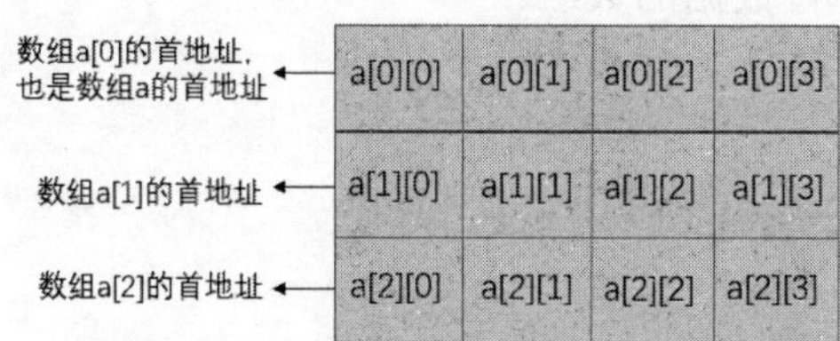

图 2.2　二维数组示意图

3. 初始化

（1）按行分行给二维数组赋初值。将大括号中，第一对括号中的数据依次赋值给第一行的数组元素，将第二对括号中的数据依次赋值给第二行的数组元素。例如：

```
int a[2][5]={{1,2,3,6,8},{4,5,6,7,8}};
```

（2）按行不分行给二维数组赋初值。例如：

```
int a[2][3]={1,2,3,4,5,6};
```

在上述代码中，二维数组 a 共有两行，每行有三个元素，第一行的元素依次获得初值：1、2、3；第二行的元素依次获得初值：4、5、6。

（3）对部分数组元素赋初值。例如：

```
int b[3][4]={{1},{4,3},{2,1,2}};
```

在上述代码中，只为数组 b 中的部分元素进行了赋值，对于没有赋值的元素，系统会自动赋值为 0，数组 b 中元素获得的初值如图 2.3 所示。

int b[3][4] = {{1},{4,3},{2,1,2}};

1	0	0	0
4	3	0	0
2	1	2	0

图 2.3　二维数组 b 赋初值示意图

例如：

```
int a[2][3]={1}; //只有 a[0][0]为 1，其他元素都初始化为 0
int b[2][3]={0}; //所有数组元素都初始化为 0
```

（4）循环对每个元素赋值。例如：

```
int a[2][3];
for (i=0; i<2; i++)
{
    for (j=0; j<3; j++)
    {
        a[i][j]=2;
    }
}
```

2.1.3 字符数组

1．概念

字符数组是用来存放字符数据的数组。

2．定义

字符数组定义格式如下：

```
char 数组名[常量表达式];
```

3．初始化

例如：

```
char c[3]={'m', 'o', 'd'};        //逐个赋值，数组大小为 3
char c[4]="mod";                  //整体赋值，表示字符串，数组大小为 4，字符串长度为 3
char c[]={'m', 'o', 'd'};  //数组大小为 3
char c[]="mod";           //表示字符串，数组大小为 4，字符串长度为 3
```

注意：使用字符串初始化字符数组时，系统自动在串尾加上'\0'作为结束标志，'\0'占一个数组元素空间，但'\0'不计入字符串长度。

4．常用字符串函数

（1）字符串的输出函数。

1）puts()：输出字符串并自动换行。

2）printf()：格式输出函数，通过格式控制符来控制输出数据。

（2）字符串的输入函数。

1）gets()：只有遇到回车符才会停止输入，可用来读取一整行的字符串。

2）scanf()：遇到空格或者回车符就停止输入，通过格式控制符来控制输入数据。

（3）字符串处理函数。

1）char *strcpy(char[ ], const char[ ])：字符串复制函数。

2）int strcmp(const char[], const char[])：字符串比较函数。

3）char * strcat(char [ ], const char[ ])：字符串连接函数。

4）int strlen(const char[])：字符串长度函数。

2.2 案例分析

例题 2.1：成绩统计。

【题目描述】

小民班上共有 n 名学生，已知这 n 名学生的测试成绩为 x_1，x_2，…，x_n（$0 \leqslant x_n \leqslant 100$），老师要求小民统计全班测试成绩低于平均分（平均分取整数）的学生人数。请你帮助小民编程求解该问题。

【输入格式】

第一行，1 个整数 n，$1 \leqslant n \leqslant 100$，表示学生的人数。

第二行，n 个整数，用空格间隔，依次表示 n 名学生的测试成绩。

【输出格式】

一行，1 个整数，表示测试成绩低于全班平均分的学生人数。

【输入/输出样例】

样例	输入	输出
1	5 80 70 80 70 80	2

【算法设计与实现】

本题是一维数组的应用。n 名学生的成绩数据需要使用两遍，一遍是累加求平均分，另一遍是与平均分比较做统计，所以必须使用一维数组来存储 n 名学生的成绩。

```
#define N 110
int main()
{
    定义一维数组 score[N]存储 n 名学生的成绩;
    for (int i=0;i<n;i++)
    {
        依次输入学生成绩;
        sum+=score[i];   //将分数累加求总和
    }
    aver=sum/n; //求平均分
    for(int i=0;i<n;i++)
      if (score[i]<平均分)    count++;
    输出 count;
}
```

例题 2.2：字符数统计。

【题目描述】

小民参加了老师的科研项目组，老师要求小民对外文文献中的某些字符串做统计工作，具体要求：求给定的字符串 s 中哪个英文字母出现的次数最多（字母不区分大小写），输出该字符及其出现的次数。请你帮助小民编程求解该问题。

【输入格式】

一行，字符串 s，只包含字母字符，1≤s 长度≤100。

【输出格式】

多行，输出出现次数最多的字符和次数（相同则一起输出），并用空格隔开。

【输入/输出样例】

样例	输入	输出
1	asddfssssaasswef	s 7
2	Tomtomas	m 2 o 2 t 2

【算法设计与实现】

本题是一维数组的应用。根据题意需要定义两个一维数组，字符数组用来存储字符串 s，整型数组用来存储每种字母字符出现的次数。利用桶计数的思想，首先初始化长度为 26 的整型数组 count[]为全零，然后遍历字符串 s，对每个字符进行运算：index=s[i]- 'a'，index 即为计数数组的索引，然后 count[index]++，最后再求 count[]的最大值。

```
#define N 110
int main()
{
    char s[N];                  //定义字符数组 s
    int count[26]={0};          //初始化计数数组
    输入字符数组 s[];           //同时把大写字母字符转化成小写字母字符
    for(i=0;i<s 长度;i++)
    {
        index=s[i]- 'a';
        count[index]++;
    }
    求出计数数组 count[]中最大值 maxCount;          //循环遍历，利用打擂台法求数组元素最大值
    输出计数数组 count[]中最大值元素代表的字符;   //循环遍历
}
```

例题 2.3：数列计算。

【题目描述】

老师要求小民处理班级学生的综测成绩，处理要求：输入十名学生的综测成绩，求解最大值、最小值和平均值（截尾取整）。请你帮助小民编程求解该问题。

【输入格式】

一行，10 个整数，表示 10 个学生的综测成绩。

【输出格式】

第一行，1 个整数，表示综测成绩的最大值。

第二行，1 个整数，表示综测成绩的最小值。

第三行，1 个整数，表示综测成绩的平均值。

【输入/输出样例】

样例	输入	输出
1	1 7 3 2 5 6 4 8 9 10	max:10 min:1 average:5

【算法设计与实现】

本题只需要遍历一遍 10 个整型数据，便可求出最大值、最小值及累加和，所以可以用一维数组先存储再遍历求解；也可以不用数组存储数据，而是使用一个简单变量反复存储数据，边输入边求解。

解题方法一：不用数组存储数据。

```
int main()
{
    int x;
```

```
        输入 x;                    //输入第 1 个数
        max=min=sum=x;
        for(i=1;i<=9;i++)          //输入及处理第 2～10 个数据
        {
            输入 x;
            sum=sum+x;
            求解 max,min;   //打擂台法
        }
        输出结果;
    }
```

解题方法二：使用数组存储数据。

```
    int main()
    {
        int x [10];
        输入 x[0]~x[9];   //循环输入 10 个数
        max=min=sum=x[0];
        for(i=1;i<=9;i++)   //处理第 2～10 个数
        {
            sum=sum+x[i];
            求解 max,min;   //打擂台法
        }
        输出结果;
    }
```

例题 2.4：珠心算测试。

【题目描述】（NOIP 2014 年普及组）

珠心算训练既能够开发智力，又能够为日常生活带来很多便利，因而在很多学校得到普及。某学校的珠心算老师采用一种快速考查珠心算加法能力的测验方法。他随机生成一个正整数集合，集合中的数各不相同，然后要求学生回答：其中有多少个数恰好等于集合中另外两个（不同的）数之和。请你帮助学生编程求解该问题。

【输入格式】

第一行，1 个整数 n，表示测试题中给出的正整数个数。

第二行，n 个正整数，数据之间用一个空格隔开，表示测试题中给出的正整数。

【输出格式】

一行，1 个整数，符合题目要求的个数。

【输入/输出样例】

样例	输入	输出	备注
1	4 1 2 3 4	2	由于 1+2=3、1+3=4，所以本样例数据中 3、4 这 2 个数满足题目要求
2	5 1 2 3 4 5	3	由于 1+4=5 和 2+3=5 是同一种算式，满足要求的算式只有三种：1+2=3、1+3=4、1+4=5，所以本样例数据中 3、4、5 这 3 个数满足题目要求

【说明/提示】

注意，加数和被加数必须是集合中两个不同的数。对于全部测试的数据，3≤n≤100，测验题给出的正整数大小不超过 10000。

【算法设计与实现】

本题是一维数组的应用。根据题目数据范围，用模拟和枚举算法思想解题，枚举第一个加数、第二个加数及和值，该三重循环的计算量为 $10^2\times10^2\times10^2=10^6$。使用一维数组 a[]存储 n 个正整数，一维标记数组 visit[]存储求和的数据是否被统计过，避免重复统计。

```
int main()
{
    int a[110];                          //正整数集合
    int visit[110]={0};                  //标记数组，判断去重
    输入 n 及 a[1]~a[n];
    for( i=1;i<n;i++)                    //枚举第一个加数
        for( j=i+1;j<=n;j++)             //枚举第二个加数
            for( k=1;k<=n;k++)           //枚举和值
                if(k!=i&&k!=j&&a[i]+a[j]==a[k]&&visit[k]==0)    //判断
                {
                        num++;
                        visit[k]=1;    //标志已经统计过的数据
                }
    输出 num;
}
```

2.3 项 目 实 践

实践 2.1：数字游戏。

【题目描述】

小民要参加一个数字游戏，要求他把看到的一系列整数 a_i（长度不一定，以 0 结束）记住，然后反着念出来（表示结束的数字 0 不念出）。小民记忆力有限，所以请你编程帮助他解决这个问题。

【输入格式】

一行，一系列整数，以 0 结束，以空格间隔。

【输出格式】

一行，倒着输出这一系列整数，以空格间隔。

【输入/输出样例】

样例	输入	输出
1	3 65 23 5 34 1 30 0	30 1 34 5 23 65 3

【说明/提示】

对于全部测试的数据，保证 $0\leqslant a_i\leqslant 2^{31}-1$，数字个数不超过 100。

【算法分析】

本题是一维数组的应用。由题意可知，系列数据无法在一次循环中边输入边处理，所以

需要一维数组来存储输入的数据，然后再倒序遍历数组，输出数组元素。

实践 2.2：矩阵元素计算。

【问题描述】最近小民在数学课上学习了矩阵的相关知识，老师要求小民完成一个计算任务：求一个 3×3 矩阵的对角线、反对角线元素之和。请你帮助小民编程求解该问题。

【输入格式】

一行，9 个整数，用空格隔开，表示 3×3 矩阵的 9 个数据。

【输出格式】

第一行，1 个整数，表示矩阵的对角线元素之和。

第二行，1 个整数，表示矩阵的反对角线元素之和。

【输入/输出样例】

样例	输入	输出	备注
1	1 1 1 1 1 1 6 1 2	4 8	1 1 1 1 1 1 6 1 2 表示矩阵： 1 1 1 1 1 1 6 1 2

【算法分析】

本题是二维数组的应用。由题意可知，使用二维数组存储矩阵元素，然后分析对角线与反对角线上元素下标值的规律，按规律取出数组元素值求和即可。

实践 2.3：校门外的树。

【题目描述】（NOIP 2005 年普及组）

某校大门外长度为 n 米的马路上有一排树，每两棵相邻树之间的间隔都是 1 米。可以把马路看成一个数轴，马路的一端在数轴 0 的位置，另一端在数轴 n 的位置；数轴上的每个整数点，即 0，1，2，…，n，都种有一棵树。由于马路上有一些区域要用来建房屋。这些区域用它们在数轴上的起始点和终止点表示。已知任一区域的起始点和终止点的坐标都是整数，区域之间可能有重合的部分，现在要把这些区域中的树（包括区域端点处的两棵树）移走。小民的任务是计算将这些树都移走后，马路上还有多少棵树。请你帮助小民编程求解该问题。

【输入格式】

第一行数据，2 个整数，分别表示马路的长度 n 和建房区域的数目 m。

接下来 m 行数据，每行 2 个整数 u、v，表示一个区域起始点和终止点的坐标。

【输出格式】

一行，1 个整数，表示将建房区域的树都移走后，马路上剩余的树木数量。

【输入/输出样例】

样例	输入	输出
1	500 3 150 300 100 200 470 471	298

【说明/提示】

对于全部测试数据，保证 $1 \leqslant n \leqslant 10^4$，$1 \leqslant m \leqslant 100$，$0 \leqslant u \leqslant v \leqslant n$。对于样例 1 的数据，剩余树木数量=501-(300-100+1)-(471-470+1)=501-201-2=298。

【算法分析】

本题是一维数组的应用。利用数组 visit[]的下标标记树的坐标（例如 visit[5]表示坐标为 5 的树），然后对需要移走的树用数组值来标记（例如 visit[5]=0 表示不需要移走坐标为 5 的树，visit[5]=1 表示需要移走坐标为 5 的树），最后对标记后的数组 visit[]做统计，即可统计出马路上剩余的树木数量。

实践 2.4：神奇的幻方。

【题目描述】（NOIP 2015 年提高组）

幻方是一种很神奇的 n×n 矩阵，它由数字 1，2，3，…，n，n+1，…，n×n 构成，且每行、每列及两条对角线上的数字之和都相同。当 n 为奇数时，可以通过以下方法构建一个幻方。

首先将 1 写在第一行的中间。之后按如下方式从小到大依次填写每个 k（k=2，3，…，n×n）：

（1）若（k-1）在第一行但不在最后一列，则将 k 填在最后一行、（k-1）所在列的右一列；

（2）若（k-1）在最后一列但不在第一行，则将 k 填在第一列、（k-1）所在行的上一行；

（3）若（k-1）在第一行最后一列，则将 k 填在（k-1）的正下方；

（4）若（k-1）既不在第一行，也不在最后一列，如果（k-1）的右上方还未填数，则将 k 填在（k-1）的右上方，否则将 k 填在（k-1）的正下方。

现给定奇数 n，请按上述方法构造 n×n 的幻方。

【输入格式】

一行，1 个正整数 n，且为奇数，表示幻方的大小。

【输出格式】

共 n 行，每行 n 个整数，即按上述方法构造出的 n×n 的幻方，相邻两个整数之间用空格隔开。

【输入/输出样例】

样例	输入	输出
1	3	8 1 6 3 5 7 4 9 2

【算法分析】

本题是二维数组的应用。用模拟算法，使用二维数组 a[][]存储幻方数据，由题意可知第 k 个数的位置由第 k-1 个数的位置确定，所以可以使用 x、y 两个变量作为位置变量，每次依次判断 x、y 符合哪个条件，然后按规则把 k 填进 a[][]中，更新位置变量 x、y 的值，继续循环求解下一个数的位置即可。

第3章 字 符 串

1. 掌握字符串的表示方式及输入/输出方法;
2. 理解常用的字符串处理函数的功能、用法及应用场景，并熟练应用函数解题;
3. 掌握 string 类型变量的定义方法、常用操作、常用函数;
4. 熟练运用字符串解决实际问题，比较多方法的实现方案，提升举一反三的能力。

3.1 内 容 要 点

3.1.1 基本概念

字符串是由零个或多个字符按照一定顺序排列所组成的有序序列，字符是字符串的基本单位。在计算机中，字符串一般用双引号括起来，例如："My name is Tom"。一个字符串中字符的个数称为字符串的长度，例如：字符串"My name is Tom"的长度为 14。长度为 0 的字符串不包含任何字符，称为空串。

为了测定字符串的实际长度，C 语言规定了以字符'\0'作为字符串结束的标志。也就是说，在遇到字符'\0'时，表示字符串结束，把它前面的字符组成一个字符串，后面的字符不作为字符串的内容。例如：字符串"My\0 name is Tom"的长度为 2。

3.1.2 表示方式

在 C++语言中，字符串有两种表示方式，一种是字符数组，另一种是字符串类 string，其中字符数组是 C 语言的字符串表示方式，string 类是 C++标准库中提供的一种字符串类。

1. 用字符数组表示字符串

格式如下：

```
char 数组名[数组长度]="初始化字符串";
```

例如：

```
char cArr[10]="Hello";
```

如果要表示多个字符串，可以使用二维字符数组。

例如：

```
char pLanguages[5][10]={"C","C++","Java","Python","PHP"};
```

2. 用 string 类表示字符串

格式如下：

```
string 变量名="初始化字符串";
```

例如：

```
string str="Hello";
```

如果要用 string 表示多个字符串，可以定义 string 类型的数组。

例如：

```
string sLanguages[5]={"C","C++","Java","Python","PHP"};
```

注意：要使用 string 类，需要使用以下预处理命令包含头文件#include <string>。

3.1.3 输入/输出方法

如果字符串采用不同的表示形式，则其输入方式与输出方式也不同。

1. 字符数组的输入与输出

若定义字符数组 char cArr[10]，则可以使用以下几种方式进行输入。

（1）逐个字符输入/输出。

C 语言：

```
for(int i=0;i<10;i++)   scanf("%c", &cArr[i]);        //逐个字符输入
for(int i=0;i<10;i++)   printf("%c", cArr[i]);        //逐个字符输出
```

C++语言：

```
for(int i=0;i<10;i++)   cin>>cArr[i];          //逐个字符输入
for(int i=0;i<10;i++)   cout<<cArr[i];         //逐个字符输出
```

以上输入方式必须输入够 10 个字符。当数组长度较大时，这种逐个字符输入的方式显得非常不灵活，因此不建议使用该方式。

（2）字符串整体输入/输出。

C 语言：

```
scanf("%s", cArr);       //整体输入，该函数不能输入带空格的字符串
gets(cArr);              //整体输入，该函数可以输入带空格的字符串
printf("%s", cArr);      //整体输出
puts(cArr);              //整体输出
```

C++语言：

```
cin>>cArr;               //整体输入，该输入流对象不能输入带空格的字符串
cout<<cArr;              //整体输出
cin.getline(cArr,10);    //整体输入，默认以回车作为输入结束符，输入可以带空格
```

说明：

1）cin.getline 函数的原型：getline(char *buffer, int num, char delim)。其中，参数 buffer 表示接收字符串的数组，num 表示接收字符个数，delim 表示终结符。例如：

```
char str[20];
cin.getline(str,20,',');    //若输入 Hello,World
cout<<str<<endl;            //则输出 Hello
```

用 getline(cin, s)可以接收 string 类型的字符串。例如：

```
string s;
getline(cin, s);
```

2）用 printf("%s",cArr)或 cout<<cArr 输出字符串时，其功能为从 cArr 表示的起始地址开始，依次输出存储单元中的字符，当遇到第一个'\0'时输出结束。

3）用 puts(cArr)输出字符串时，其功能与 printf("%s", cArr)相同，但会自动输出一个换行符。

4）使用二维字符数组表示多个字符串时，用循环控制字符串的输入与输出。例如：

```
char name[5][10];
for(int i=0;i<5;i++)
{
    scanf("%s", name[i]);     //逐个字符串输入
    //或使用 gets(name[i])或 cin>>name[i]或 cin.getline(name[i],10)
}
for(i=0;i<5;i++)
{
    printf("%s\n", name[i]);
    //逐个字符串输出，或使用 puts(name[i])或 cout<<name[i]
}
```

2. string 变量的输入/输出

string 变量可以使用 cin 和 cout 进行输入/输出。例如：

```
string str;
cin>>str;   //不能接收空格
cout<<str;
```

若想获取带有空格的字符串，可以调用 cin.getline()或者 getline(cin,s)函数。也可以通过转换获取，先定义一个 char 类型的数组，通过 gets()来获取字符串，再赋给 string 字符。例如：

```
char cArr[100];
string str;
gets(cArr);
str=cArr;
cout<<str<<endl;
```

3.1.4　常用的字符串处理函数

string 字符串转换为字符指针指向的字符串需要使用 string 类的成员函数 c_str()。而字符指针指向的字符串转换为 string 字符串可以直接使用赋值运算符“=”。

c_str()函数的原型：const char* c_str()。例如：

```
string str="Hello";
const char *ch;
ch=str.c_str();     //string 转换为 C 语言风格的字符串
cout<<ch;
ch="World";
str=ch;             // C 风格的字符串转换为 string 类型
cout<<str;
```

表 3.1 列出了常用的字符串处理函数，要使用这些函数需要包含头文件<stdio.h>或<string.h>。表 3.2 列出了常用的数字与字符串之间的转换函数。

表 3.1　常用的字符串处理函数

函数名称	函数原型	功能	举例
字符串输入函数	char* gets(char *str);	从终端输入一个字符串到 str 指向的字符空间	char cArr[10]; gets(cArr);
字符串输出函数	char* puts(char *str);	输出 str 指向的字符串	char cArr[10]="Hello"; puts(cArr);

续表

函数名称	函数原型	功能	举例

字符串连接函数	char* strcat(char *dest, const char *src);	将 src 所指字符串连接到 dest 所指字符串的尾部，返回连接后字符串的指针 dest	char str1[20]="Hello";
			char str2[10]="World";
			strcat(str1,str2);
			printf("%s",str1);
			//输出 HelloWorld

字符串复制函数	char* strcpy(char *dest, const char *src);	将 src 指向的字符串（包括字符串结束标志'\0'）复制到 dest 所指的字符空间中，返回复制后的字符串的指针 dest	char str1[10]="Hello";
			char str2[10];
			strcpy(str2,str1);
			cout<<str2<<endl;
			//输出 Hello

字符串部分复制函数	char* strncpy(char *dest, const char *src,int n);	将 src 所指向的字符串的前 n 个字符复制到 dest 所指的字符串	char str1[10]="Hello";
			char str2[10]={'\0'};
			strncpy(str2,str1,2);
			cout<<str2<<endl; //输出 He

字符串比较函数	int strcmp(const char *str1,const char *str2);	将字符串 str1 和字符串 str2 自左向右逐个字符比较：
		当 str1<str2 时，返回值<0；
		当 str1=str2 时，返回值=0；
		当 str1>str2 时，返回值>0
			char str1[10]="Hello";
			char str2[10]="Help";
			int re;
			re=strcmp(str1,str2);
			if(re<0)
			    cout<<"str1<str2"<<endl;
			else if(re>0)
			    cout<<"str1>str2"<<endl;
			else
			    cout<<"str1=str2"<<endl;
			//输出 str1<str2

求字符串长度函数	int strlen(char* str);	返回 str 指向的字符串中字符的个数，不包括末尾的'\0'	char str1[10]="Hello";
			cout<<strlen(str1);
			//输出 5

转化为小写函数	char* strlwr(char *str);	将 str 指向的字符串中每个大写字母转换为小写字母，返回转换后的字符串的指针	char str1[10]="Hello";
			cout<<strlwr(str1);
			//输出 hello

转化为大写函数	char* strupr(char *str);	将 str 指向的字符串中每个小写字母转换为大写字母，返回转换后的字符串的指针	char str1[10]="Hello";
			cout<<strupr(str1);
			//输出 HELLO

表 3.2　常用的数字与字符串之间的转换函数

函数名称	函数原型	功能	举例

数字转字符串	char *itoa(int value,char *str,int base);	将整数 value 转换成字符串，存入 str 指向的内存空间，并返回字符串的指针。其中，base 为转换时的进制基数，可以是 2、8、10、16 等	char str[10];
			itoa(100,str,2);
			printf("%s", str);
			//输出 1100100

	char *ltoa(long value,char *str,int base);	将长整型数字转字符串	char str[10];
			ltoa(159,str,10);
			printf("%s", str); //输出 159

续表

函数名称	函数原型	功能	举例

字符串转数字	int atoi (const char * str);	将字符串转换为整型。该函数返回转换后的整数，如果没有执行有效转换，则返回 0	int a;
			a=atoi("123abc45");
			printf("%d", a); //输出 123
			int b;
			b=atoi("s12345");
			printf("%d", b); //输出 0

	long int atol (const char * str);	将字符串转换为长整型。该函数返回转换后的长整数，如果没有执行有效转换，则返回 0	long int a;
			a=atol("12345.67");
			printf("%ld", a); //输出 12345

	long long int atoll (const char * str);	将字符串转换为长整型。该函数返回转换后的长整数，如果没有执行有效转换，则返回 0	long long ll;
			ll=atoll("1234567890123456");
			printf("%lld", ll);
			//输出 1234567890123456

	double atof (const char* str);	将字符串转换为浮点型。该函数返回转换后的浮点数，如果没有执行有效转换，则返回 0	double f;
			f=atof("12345.67");
			printf("%0.2f", f); //输出 12345.67

1. itoa()函数是广泛应用的非标准 C 语言扩展函数

由于 itoa()函数不是标准 C 语言函数，所以不能在所有的编译器中使用。但是，大多数的编译器（如 Windows 系统中的）通常在<stdlib.h>头文件中包含这个函数。而在 Ubuntu Linux 系统中的编译器没有 itoa( )函数。

2. itoa()函数的功能可以用 sprintf( )函数代替

sprintf()函数与 printf()函数在用法上几乎一样，只是输出的目的地不同，前者输出到字符串中，后者则直接在屏幕上输出。sprintf()函数的作用是将一个格式化的字符串输出到一个目的字符串中，而 printf()函数是将一个格式化的字符串输出到屏幕。sprintf()函数是个变参函数，定义格式如下：

```
int sprintf(char *buffer, const char *format [, argument] ... );
```

buffer 是字符数组名，format 是格式化字符串。除了前两个参数类型固定外，后面可以接任意多个参数。只要在 printf()函数中可以使用的格式化字符串，在 sprintf()函数都可以使用。要使用 sprintf()函数需要包含头文件<stdio.h>。sprintf()函数在完成将其他数据类型转换成字符串类型的操作中应用广泛。

例如：

```
char str1[20], str2[20];
int a=126;
sprintf(str1,"%d",a); //将 a 以十进制整数形式输出到 str1，str1 值为字符串"126"
double pi=3.14159;
sprintf(str2,"%.2f",pi); //指定 pi 以两位小数形式输出到 str2，str2 值为字符串"3.14"
```

3.1.5 string 变量的常用操作

1. string 变量的定义和初始化

string 类型变量的定义和初始化和普通的数据类型一样。例如：

```
string str="Hello";//定义时初始化
string str;   str="Hello";   //先定义后赋值
```

2. 访问 string 变量中的字符

一般来说，可以直接像访问字符数组那样通过下标访问 string 变量中的字符。例如：

```
string str="Hello";
for(int i=0;i<str.length();i++)
{
    printf("%c",str[i]);
}
```

3. string 类的常用操作

（1）赋值运算。使用赋值运算符“=”可以将一个字符串常量或字符串变量值赋值给另一个字符串变量。例如：

```
string str1="Hello",str2;
str2=str1;
```

（2）字符串连接。C 语言风格中可利用 strcat()函数连接使用字符数组存储的字符串，而 string 类型的字符串可以利用运算符“+”或“+=”直接拼接。例如：

```
string str1="Hello",str2="World",str3;
str3=str1+str2;   //str3 为"HelloWorld"
str1+=str2;       //str1 为"HelloWorld"
```

（3）关系运算。C 语言风格中可利用 strcmp()函数比较使用字符数组存储的字符串，而 string 类型的字符串有两种方式：一种是直接使用“==”“!=”“<=”“<”“>”“>=”比较大小，另一种是利用 string 类的成员函数 compare()进行比较，比较规则是字典序。例如：

```
string str1="Hello",str2="World",str3;
printf("%d" ,str1!=str2);                    //输出表达式的值为 1
printf ("%d", str1.compare(str2));           //输出返回值为-1
```

表 3.3 列出了 string 类的常用函数。

表 3.3　string 类的常用函数

函数名称	函数原型	功能	举例
构造函数	string();	创建空的字符串	string s1;

	string(const char *s);	用 C 语言风格字符串 s 初始化字符串	char s[]="Hello";
			string s1(s);
			//s1 为"Hello"

	string(const char *s,int n) ;	用 C 语言风格字符串 s 的前 n 个字符初始化字符串	char s[]="Hello";
			string s1(s,2);
			//s1 为"He"

	string(int n, char c) ;	用 n 个字符 c 初始化字符串	string s1(5,'a'); //s1 为"aaaaa"
	string(const string& str);	用字符串 str 创建新的字符串	string s1="Hello",s2(s1); //s2 为"Hello"
	string(const string& str, int begin);	用字符串 str 起始于 begin 的字符创建字符串	string s1="Hello",s2(s1,2); //s2 为"llo"
	string(const string& str, int begin,int n);	用字符串 str 起始于 begin 的 n 个字符创建字符串	string s1="Hello",s2(s1,2,2); //s2 为"ll"

续表

函数名称	函数原型	功能	举例

求字符串长度	int length();
	int size();
		返回字符串的实际字符个数	string str1="Hello";
			cout<<str1.length();
			cout<<str1.size(); //输出 5

判断字符串是否为空	bool empty();	判断字符串是否为空串	string str1="Hello",str2;
			cout<<str1.empty(); //输出 0
			cout<<str2.empty(); //输出 1

求第 idx 个字符	at(idx) ;	返回字符串位于 idx 位置的字符，idx 从 0 开始	string s1="Hello";
			cout<<s1[0]; //输出 H
			cout<<s1.at(1); //输出 e

字符串比较	compare(const string& str);	返回当前字符串与字符串 str 的比较结果。在比较时，若两者相等，返回 0；若前者小于后者，返回-1；否则返回 1	string s1="he",s2="He";
			cout<<s1.compare(s2);
			//输出 1

在尾部添加字符	append(str);	在当前字符串的末尾添加一个字符串 str	string s1="Hello",
			s2="World";
			cout<<s1.append(s2);
			//输出 HelloWorld

插入字符	insert(int idx, const string & str);	在当前字符串的 idx 处插入一个字符串 str	string s1="Hello",
			s2="World";
			cout<<s1.insert(2,s2);
			//输出 HeWorldllo

查找字符	find(string &s, int pos);	从当前字符串中的 pos 位置开始查找字符串 s 的第一个位置，若找到则返回其位置，若没有找到返回-1	string s1="Hello",s2="He";
			cout<<s1.find(s2,0);
			//输出 0

替换字符	replace(int idx, int len, const string &str);	将当前字符串中起始于 idx 的 len 个字符用字符串 str 替换	string s1="Hello";
			cout<<s1.replace(2,3,"lp");
			//输出 Help

求子串	substr(int idx);	返回当前字符串起始于 idx 的子串	string s1="Hello";
			cout<<s1.substr(3);
			//输出 lo

	substr(int idx, int len);	返回当前字符串起始于 idx 的长度为 len 的子串	string s1="Hello";
			cout<<s1.substr(0,2);
			//输出 He

清空字符串	clear();
	erase();
		删除当前字符串中的所有字符	string s1="Hello";
			s1.clear();//或 s1.erase();
			cout<<s1.length(); //输出 0

删除字符	erase(size_type idx) ;	删除当前字符串从 idx 开始的所有字符	string s1="Hello";
			s1.erase(2);
			cout<<s1; //输出 He

	erase(size_type idx, size_type len);	删除当前字符串从 idx 开始的 len 个字符	string s1="Hello";
			s1.erase(2,2);
			cout<<s1; //输出 Heo

3.2 案例分析

例题 3.1：回文字符串。

【题目描述】

最近小民在编程课上学习了回文串的相关知识，他了解到回文串是一个正读和反读都一样的字符串，比如"level" "abccba"就是回文串。于是小民想判断任意一个字符串是否是回文串。请你帮助小民编程求解该问题。

【输入格式】

包含多个测试实例，每一行对应一个字符串，串长最多 100 个字符。

【输出格式】

对每个字符串，输出它是第几个字符串，如果该字符串是回文串，则输出 yes，否则输出 no。在 yes 或 no 之前用一个空格与提示字符串隔开。

【输入/输出样例】

样例	输入	输出
1	level good 12321 abcdcba	case1: yes case2: no case3: yes case4: yes
2	124421 1	case1: yes case2: yes

【算法设计与实现】

解题方法一：用一维字符数组 ch[]存储字符串。按照回文串的定义，从正反两个方向取出对应位置上的字符做比较判定即可。首先求出 ch[]的长度 length，然后在 0≤i＜length/2 的范围内遍历 ch[]，判定 ch[i]与 ch[length-1-i]是否全都相同，若是则字符串是回文串，否则不是回文串。

```
int main()
{
    定义一维字符数组 ch[]；
    while(scanf("%s",ch)!=EOF)    //scanf()读数到末尾时返回 EOF
    {
        统计字符串的个数 n++;
        求字符串 ch 的长度 length;
        标志位 flag=true;
        for (i=0;i< length/2;i++)
            if(ch[i]!=ch[length-1-i]) flag=false;
        根据 flag 及 n 值输出结果;
    }
}
```

解题方法二：用 string 类变量存储字符串，算法同解题方法一。

```
int main()
{
    定义 string 类的变量 s;
    while(cin>>s)    //循环从输入流读取数据直到末尾
    {
        统计字符串的个数 n++;
        求字符串 s 的长度 length;
        在 0≤i<length/2 范围内，如果 s[i]与 s[length-1-i]都相同，则 s 是回文，否则不是回文;
    }
}
```

例题 3.2：数字字符统计。

【题目描述】

小民最近接到一个数据统计的任务，具体要求：统计某个给定范围[L, R]的所有整数中数字 2 出现的次数。例如，给定范围[2, 22]，数字 2 在数 2 中出现 1 次，在数 12 中出现 1 次，在数 20 中出现 1 次，在数 21 中出现 1 次，在数 22 中出现 2 次，所以数字 2 在该范围内一共出现了 6 次。请你帮助小民编程求解该问题。

【输入格式】

一行，2 个正整数 L 和 R，之间用一个空格隔开，表示数据范围。

【输出格式】

一行，1 个整数，表示数字 2 出现的次数。

【输入/输出样例】

样例	输入	输出
1	2 22	6

【算法设计与实现】

解题方法一：使用枚举法，对于给定数据范围内的每个正整数，分离出它各位上的数值，然后判断该数值是否为 2，若是，则进行统计。

```
int main()
{
    定义 L、R、i、count=0 等变量;
    输入 L 和 R;
    for(i=L; i<=R; i++)
    {
        num=i;
        分离出 num 的每个位值，判断是否为 2，若是 2 则 count++;
    }
    输出 count;
}
```

解题方法二：使用枚举法，对于给定数据范围内的每个正整数，首先利用 itoa()函数或

sprintf()函数将整数转换为字符串，再直接通过下标访问字符串中的每个字符，判断是否为字符'2'来进行统计。

```
int main()
{
    定义 L、R、i、count=0 等变量;
    定义字符数组 str[];
    输入 L 和 R;
    for(i=L; i<=R; i++)
    {
        sprintf(str, "%d", i);    //或 itoa(i, str, 10);
        依次访问字符数组 str[]中的每个字符，判断是否为字符'2'，若是'2'则 count++;
    }
    输出 count;
}
```

例题 3.3：字母字符统计。

【题目描述】

小民所在的班级有 n 名同学，这 n 名同学的姓名都是由小写英文字母组成的，这些同学的姓名中包含空格。现在小民想知道这 n 名同学的姓名中哪个英文字母出现次数最多，其出现次数是多少？请你帮助小民编程求解该问题。

【输入格式】

第一行，1 个整数 n，表示该班学生的人数。

之后为 n 行字符串（每行字符串不超过 30 个字符），表示 n 个同学的姓名。

【输出格式】

多行，出现次数最多的字母字符和次数，并用空格隔开；若有多个字符出现最多次数，则分行输出。

【输入/输出样例】

样例	输入	输出
1	1 zhang zhe	h 2 z 2
2	3 li hong wang qiang zhang tao	a 4 g 4 n 4

【算法设计与实现】

例题 2.2 统计的是一个字符串中哪个英文字母出现的次数最多，用的存储结构是一维字符数组。本题要统计 n 名同学的姓名（用字符串表示）中哪个英文字母出现最多，即统计若干字符串中哪个英文字母最多，存储结构可以使用二维字符数组，也可以使用 string 数组。统计功能部分，可以参照例题 2.2 的算法来实现。

解题方法一：用二维字符数组存储若干字符串。

```
int main()
{
    定义二维字符数组 str[NUM][30];
    定义整型数组 count[26]并初始化为 0;
    输入整数 n;
    循环输入 n 个字符串;
    for(i=0;i<n;i++)
        for(j=0;str[i][j]!='\0';j++)
            if(str[i][j]!=' ')    //空格无须统计
                count[str[i][j]- 'a']++;
    int maxCount=0;
    for(i=0;i<26;i++)
    {
        利用打擂台法求数组 count[]中的最大值 maxCount;
    }
    for(i=0;i<26;i++)
    {
        如果 count[i]等于 maxCount，则输出'a'+i 和 maxCount;
    }
}
```

解题方法二：用 string 数组存储若干字符串。

```
int main()
{
    定义 string 类型的一维数组  str[NUM];
    定义整型数组 count[26]并初始化为 0;
    输入整数 n;
    循环输入 n 个字符串;
    for(i=0;i<n;i++)
      for(j=0;str[i][j]!='\0';j++)
          if(str[i][j]!=' ')     //空格无须统计
             count[str[i][j]- 'a']++;
    同解题方法一;
}
```

3.3 项 目 实 践

实践 3.1：单词查找。

【题目描述】

小民和朋友玩单词查找游戏，游戏规则为朋友任意给定一个单词及一篇文章，要求小民查找该单词在该文章中出现的次数和第一次出现的位置，说明如下：

（1）文章中首字母的位置为 0，以此类推。如果单词在文章中没有出现，则输出整数-1。

（2）单词匹配时，不区分大小写，但要求完全匹配，即给定单词必须与文章中的某一独立单词在不区分大小写的情况下完全相同（参见样例 1）；如果给定单词仅是文章中某一单词的一部分则匹配失败（参见样例 2）。

【输入格式】

第一行，1 个字符串，其中只含字母（大小写字母都有可能），表示给定单词。

第二行，1 个字符串，其中只含字母（大小写字母都有可能）和空格，表示给定的文章。

【输出格式】

一行，2 个整数，表示给定单词在给定文章中出现的次数和第一次出现的位置。

【输入/输出样例】

样例	输入	输出
1	To You have to jump high to play this sport	2 9
2	sun You Are My Sunshine	-1

【算法分析】

首先将给定的单词 word 与文章都转换为小写字母，再调用 string 类的 find()函数，从 pos=0 位置处查找给定的单词。如果 find()函数调用的返回值 ret 为-1，则直接输出-1；否则单词数加 1，记录单词第一次出现的位置 first，并修改 pos=ret+word.length( )-1。重复以上步骤，不断循环调用 find()函数，直到返回值为-1。

实践 3.2：统计标题字符数。

【题目描述】

老师布置暑假作业，要求每位同学写一篇作文，作文的标题只有一行，标题中可能包含大、小写英文字母，数字字符，空格，水平制表符和换行符等空白字符。小民想知道每个同学写的作文标题中有多少个字符？请你帮助小民编程求解该问题（统计标题字符数时，空格和换行符不计算在内）。

【输入格式】

一行，1 个字符串，表示作文的标题。

【输出格式】

一行，1 个整数，表示作文标题的字符数。

【输入/输出样例】

样例	输入	输出
1	Never give up	11
2	My lucky number is 8	16

【算法分析】

循环判断标题中的每个字符 ch 是否是空格、水平制表符、换行符等空白字符，如果不是空白字符，则字符数加 1。可以调用 isspace(ch)函数判断 ch 是否空白字符，该函数当 ch 为空白字符时，返回非零值，否则返回 0。

实践 3.3：文档编辑。

【题目描述】

老师让小民帮忙编辑一些英文文档，英文中还有一些统计数据（统计数据都是正整数，而且其前后都有空格）。文档的开头没有空格，文中也没有连续的空格，文档的编辑规则如下：

（1）如果文档结尾处有"end"，则应当删除；

（2）文中所有的统计数据都要再加上一个正整数 m。

请你帮助小民编程求解该问题。

【输入格式】

第一行，1 个整数 m，表示统计数据要加上的数据。

第二行，1 个字符串，表示要修改的字符串。

【输出格式】

一行，输出编辑后的字符串。

【输入/输出样例】

样例	输入	输出
1	13 There are 45 students in 32class.end	There are 58 students in 32class.

【算法分析】

可以利用 substr()函数先求出文档最末尾三个字符构成的子串，判断是否是"end"，如果是，则用 string 类的 erase()函数删除最后三个字符。处理字符串中的统计数据时，由于统计数据前后都有空格，文档的开头没有空格，文中也没有连续的空格，可以以空格为线索来查找统计数据。用 string 类的 find()函数先找到第一个空格的位置，判断其前是否是数值字符串（利用 string 类的求子串函数 substr()可以求出两个空格之间的子串，判断一个字符串是否是数值字符串的方法是依次判断字符串中的每个字符是否在字符'0'～'9'范围内），若是，则将该数值字符串转换为整数，加上 m 后直接输出；若不是，则直接输出，重复以上操作直到没有空格为止。

实践 3.4：数字字符反转。

【题目描述】

小民最近发现了一个新游戏，游戏规则是给定一个数字字符串，反转输出该数字字符串，除了'0'字符外，反转后的数字字符串前端不能为'0'（参见样例 3）。请你帮助小民编程求解该问题。

【输入格式】

一行，1 个数字字符串 s，保证 s 能转换成整型数据，且只包含负号（'-'）一种非数字字符。

【输出格式】

一行，1 个数字字符串，表示 s 反转后的数字字符串。

【输入/输出样例】

样例	输入	输出
1	256	652
2	0	0
3	-81600	-618
4	8090	908

【算法分析】

例题 1.7 是对整数数据进行数据反转，算法加工的是整型数据，本题要求加工的是数字字符串。首先以字符串形式接收输入数据，然后判断字符串的第一个字符是否是负号'-'，如果是负号，则先输出负号，接着从字符串的最后一个字符开始判断，判断到第一个不为'0'的字符后，开始从后往前输出，遇到负号'-'或当数组元素下标为-1 时，则结束输出。

实践 3.5：打印字符柱状图。

【题目描述】（洛谷平台❶）

老师给小民布置了一个编程任务，该程序完成以下功能：从一个文本文件中读取五行字符（每行不超过 200 个字符），每行字符由大写字母和空格组成，要求以柱状图的形式输出每个字母出现的次数（柱状图参见输出样例，每一列上星号的个数表示该列中最后一行显示的字母出现的次数）。

【输入格式】

五行字符，每行字符由大写字母和空格组成，每行不超过 200 个字符。

【输出格式】

输出包含若干行，前几行由空格和星号组成，最后一行由大写字母和空格组成。

【输入/输出样例】

<table>
<tr><th>样例</th><th>输入</th><th>输出</th></tr>
<tr><td>1</td><td>LIFE IS LIKE A BOX OF CHOCOLATES
I MAY NOT BE THE BEST
I AM DEFINITELY NOT LIKE THE REST
LIFE IS FULL OF CONFUSING
ALWAYS INSISTING</td><td><pre>
                *
                *
        *   *
        *   *
        *   *
        *   *   *   * *
        *   *   *   *   * *
        * *   *   *   * *   * *
*   * *   *   *   * *   * *
*   * *   *   *   * *   * *
*   * *   *   *   * *   * *
* * *   * *   * *   *   * *   * *   *
* * *   * * * * *   * * * * *   * * *   *
* * * * * * * * *   * * * * *   * * * *   * * *
A B C D E F G H I J K L M N O P Q R S T U V W X Y Z
</pre></td></tr>
<tr><td>2</td><td>ABC
ABC DEF
ABC DEF GHI
ABC DEF GHI JKL
ABC DEF GHI JKL MNO</td><td><pre>
* * *
* * * * * *
* * * * * * * * *
* * * * * * * * * * * *
* * * * * * * * * * * * * * *
A B C D E F G H I J K L M N O P Q R S T U V W X Y Z
</pre></td></tr>
</table>

❶ 洛谷平台：洛谷创建于 2013 年，至今已有百万用户，致力为编程爱好者提供快捷的编程体验。它不仅仅是一个在线试题测试系统，更拥有强大的社区和在线学习功能。

【算法分析】

本题由统计和显示两部分来实现求解。循环读取五个字符串，统计这五个字符串中大写字母 A～Z 出现的次数。首先利用整型计数数组 count[26]记录 26 个英文字母出现的次数，将字符 ch 出现的次数记录到下标为 ch- 'A'的数组元素中。再用打擂台法求 26 个大写字母出现次数的最大值 max。最后，从最大值 j=max 开始直到 j=1，判断计数数组 count[]中每个元素的值是否大于等于 j，如果是，则输出一个星号和一个空格，否则输出空格。

第 4 章　函数与结构体

1. 掌握函数的定义和调用方法，理解调用函数时实参和形参的对应关系；
2. 掌握结构体类型变量及结构体数组的定义、引用及初始化方法；
3. 学会使用指向结构体类型数据的指针及向函数传递结构体的方法；
4. 能够使用函数和结构体解决实际问题，具有模块化设计思想，养成工程开发合作意识。

4.1　内 容 要 点

4.4.1　函数

1. 含义

函数是为了实现一个或多个功能的语句集合。函数的作用如下：

（1）有利于快速调试程序；

（2）有利于提高程序代码的利用率；

（3）程序更模块化，可读性更强。

2. 定义

函数定义格式如下：

```
返回值类型  函数名(类型  参数 1,  类型  参数 2, …)
{
    函数体语句;
    [return  表达式;]
}
```

3. 函数调用

关于函数类型的说明：

（1）如果函数有类型，那么它一定有返回值，返回值的类型必须和函数的类型保持一致；

（2）如果函数有类型，那么函数体里面一定有 return 语句，并且可以有多个，但程序执行到任意一个 return 语句，函数就会返回；

（3）函数的返回值和形参没有关系，函数的形参是函数信号的输入，函数的返回值是函数信号的输出。

关于函数参数的说明：

（1）如果函数有形参，且形参没有默认值，那么调用函数时必须传入相应的实参；

（2）实参与形参个数相等，类型一致，按顺序一一对应。

4.4.2　结构体

1. 定义

C 语言允许用户自己指定一种数据结构，在数据结构中包含若干个类型不同或者相同的数据项，称为结构体（structure）。

结构体基本格式如下：

```
struct 结构体名
{
    数据类型 成员 1 名字;
    数据类型 成员 2 名字;
    …
    数据类型 成员 n 名字;
};
```

例如：

```
struct student
{
    int num;
    char name[20];
    char sex;
    int age;
};
```

2. 定义结构体类型变量的方法

（1）先声明结构体类型再定义变量名，格式如下：

```
结构体类型 变量名表列;
```

（2）在声明类型的同时定义变量，格式如下：

```
struct 结构体名 {成员表列} 变量名表列;
```

（3）直接定义结构体类型变量，格式如下：

```
struct {成员表列} 变量名表列;
```

通常采用第一种定义方法，例如：

```
student s1,s2;
```

对结构体类型的说明如下：

（1）类型与变量是不同的概念，不要混淆。只能对变量赋值、存取或运算，而不能对一个类型赋值、存取或运算。在编译时，对类型是不分配空间的，只对变量分配空间；

（2）对于结构体中的成员（即“域”），它的作用与地位相当于类型相同的普通变量；

（3）成员可以是一个结构体变量；

（4）成员名可以与程序中的变量名相同，二者不代表同一对象。

3. 结构体变量的引用

引用结构体变量成员的方式如下：

```
结构体变量名.成员名
```

例如：

```
s1.num;    //是一个 int 型变量
s1.name;   //是一个 char 型数组
s2.sex;    //是一个 char 型变量
```

```
s2.age;    //是一个 int 型变量
```

对结构体变量引用的说明如下：

（1）不能将一个结构体变量作为一个整体进行输入和输出，只能对结构体各个成员分别进行输入和输出；

（2）如果成员本身又是一个结构体类型，则要用若干个成员运算符一级一级地找到最低一级的成员，只能对最低级的成员进行赋值或存取以及运算；

（3）对结构体变量的成员可以像类型相同的普通变量一样进行各种运算；

（4）可以引用结构体变量成员的地址，也可以引用结构体变量的地址。

4. 结构体变量的初始化

和其他普通类型变量一样，结构体变量可以在定义时指定初始值。例如：

```
student s1={95001,"李勇",'M',20};
```

5. 结构体数组

（1）定义结构体数组。定义结构体数组和定义结构体变量方法相仿，只需说明其为数组即可。例如：

```
student s [10];
```

（2）结构体数组的初始化。一般形式是在定义数组的后面加上“= {初值表列};”。例如：

```
student s [10]={   {95001,"李勇",'M',20},
                   {95002,"刘晨",'F',22},
                   {95003,"张力",'M',19}
               };
```

6. 指向结构体类型数据的指针

指向结构体变量的指针引用成员变量有两种等价形式：

（1）(*p).成员名；

（2）p->成员名，其中“->”称为指向运算符。

例如：

```
student *p;
```

变量(*p).num 和 p->num 表示同一个 int 型变量。

7. 向函数传递结构体

在某些函数定义中，使用结构体作为函数参数，此时实在参数与形式参数有以下几种对应关系：

（1）用结构体的单个成员作为参数。实参与形参采取的是“值传递”方式，此时在函数内部对结构体成员变量的修改操作不会改变实参结构体变量的值。这种方式在应用中很少使用。

（2）用结构体变量作为参数。实参与形参采取的也是“值传递”方式，将实参结构体变量的全部成员值依次传递给形参结构体变量的各个成员变量，实参与形参必须是同类型的结构体变量。此时在函数内部对结构体变量的修改操作也不会改变实参结构体变量的值。这种传递方式很直观，但时空开销比较大，要根据应用场景选择使用该方式。

（3）用结构体指针或结构体数组作为参数。实参与形参采取的是“地址传递”方式，将实参结构体变量的地址传递给形参指针变量或数组，此时通过形参指针变量或数组可以修改实参结构体变量的各个成员值。相对于第 2 种方式，该方式在数据量比较大的结构体数组的应用场景中时空效率更高。

4.2 案例分析

例题 4.1：素数判定。

【题目描述】

在小民学习了素数的相关知识后，老师要求小民编写一个判定素数的函数，并调用该函数求解输出 1～n 区间内的素数。

【输入格式】

一行，整数 n，1≤n≤100。

【输出格式】

一行，输出 1～n 区间内的素数，素数之间用空格隔开。

【输入/输出样例】

样例	输入	输出
1	20	2 3 5 7 11 13 17 19

【算法设计与实现】

1. 编写判定素数的函数

（1）确定函数名、形参和返回值类型。根据题意，本题函数原型可定义如下：

```
bool IsPrime(int n);
```

（2）在函数体内部定义的变量只能在函数体内访问，称为内部变量。形参也是内部变量，如本函数的形参 n。若函数有返回值，则函数体中必须有 return 语句，而且 return 语句返回值的类型与函数返回类型一致。

```
//函数功能：使用朴素算法判定正整数 n 是否是素数
bool IsPrime(int n)
{
    if (n<2) return false; //0 和 1 不是素数
    for (i=2; i<=sqrt(n); i++)
    {
        if (n%i==0) return false;
    }
    return true; //在循环范围内找不到能整除 n 的数，n 为素数
}
```

2. 调用函数

编写好的函数并不是一个可运行程序，函数必须被 main()函数直接或间接调用才能发挥作用。若函数中有形参，则主函数调用函数时需提供实参。

```
int main()
{
    输入 n;
    for(i=1; i<=n; i++)
    {
        if (IsPrime(i))  输出素数 i;
    }
}
```

例题 4.2：成绩等级判定。

【题目描述】

期末考试结束，老师要求小民处理班级学生成绩，具体要求：从键盘输入 n 个学生的学号及其 3 门课程成绩，数据存入结构体数组中，判定并输出每位同学平均成绩对应的等级。等级转换规则如下：

$$grade=\begin{cases} A & 90 \leqslant avgscore \leqslant 100 \\ B & 60 \leqslant avgscore < 90 \\ C & 0 \leqslant avgscore < 60 \end{cases}$$

【输入格式】

第一行数据，1 个整数 n，1≤n≤100，表示学生人数。

接下来 n 行数据，每行输入每个学生的学号和成绩，学号为 4 位的整数，从 1000 开始；课程成绩为整型数据，0≤成绩≤100。

【输出格式】

n 行，每行 2 个数据，表示学生学号及平均成绩（平均成绩截尾取整数）对应的等级，2 个数据之间用一个空格隔开。

【输入/输出样例】

样例	输入	输出
1	3 1000 85 92 95 1001 45 50 60 1002 75 70 60	1000 A 1001 C 1002 B

【算法设计与实现】

1. 定义结构体

```
typedef struct student
{
    int no;
    int score1;
    int score2;
    int score3;
}student;
```

2. 编写判定等级的函数

解题方法一：用结构体变量作为参数。

```
char IsGrade1(student s)
{
    avgScore=(s.score1+ s.score2+ s.score3)/3;
    grade=if 嵌套判定平均分等级;
    return grade;
}
```

解题方法二：用结构体指针变量作为参数。

```
char IsGrade2(student *p)
{
```

```
    avgScore=(p->score1+ p->score2+ p->score3)/3;
    grade=if 嵌套判定平均分等级;
    return grade;
}
```

3. 调用函数

调用解题方法一的函数，实参传值给形参，代码直观清晰，但算法时空效率低。

```
int main()
{
    输入 n;
    输入结构体数组 s[]的学号、成绩;
    for(i=0; i<=n-1; i++)
    {
        printf(s[i].no,IsGrade1(s[i]));
    }
}
```

调用解题方法二的函数，实参传地址给形参，算法时空效率高。

```
int main()
{
    输入 n;
    输入结构体数组 s[]的学号、成绩;
    for(i=0; i<=n-1; i++)
    {
        printf(s[i].no,IsGrade2(&s[i]));
    }
}
```

例题 4.3：查询最高成绩。

【题目描述】

老师继续要求小民处理班级学生成绩，这次的要求：从键盘输入 n 个学生的学号、综测成绩，数据存入结构体数组中，查找并输出成绩最高的学生信息。

【输入格式】

第一行，1 个整数 n，1≤n≤100，表示学生人数。

接下来 n 行，每行输入每个学生的学号和综测成绩，学号为 4 位的整数，从 1000 开始；综测成绩为整型数据，0≤成绩≤100。

【输出格式】

若干行，输出综测成绩最高学生的学号和成绩。

【输入/输出样例】

样例	输入	输出
1	3 1000 85 1001 90 1002 75	1001 90

样例	输入	输出
2	3 1000 95 1001 90 1002 95	1000 95 1002 95

【算法设计与实现】

1. 定义结构体

```
typedef struct student
{
    int no;
    int score;
}student;
```

2. 编写求最高成绩的函数

```
int MaxScore(student s[],int n )
{
    max=s[0].score;
    for(i=1; i<=n-1; i++)
    {
        if (s[i].score>max)    max=s[i].score;
    }
    return max;
}
```

3. 调用函数

本算法用结构体数组作为参数，实参传地址给形参，算法时空效率高。

```
int main()
{
    输入 n;
    输入结构体数组 s[]的学号、综测成绩;
    max= MaxScore(s,n);
    for(i=0; i<=n-1; i++)
    {
        if (s[i].score==max)    printf(s[i].no,max);
    }
}
```

例题 4.4：埃氏筛法求素数。

【题目描述】

为了优化朴素算法的素数判定程序，老师要求小民用埃氏筛法重写程序。

【输入格式】

一行，整数 n，$1 \leqslant n < 10^7$。

【输出格式】

一行，输出 1～n 区间内的素数，素数之间以空格隔开。

【输入/输出样例】

样例	输入	输出
1	20	2 3 5 7 11 13 17 19

【算法设计与实现】

与例题 4.1 相比，本题 n 的取值范围扩大到了 10^7，如果继续使用例题 4.1 的朴素算法求解，程序运行会超时（朴素算法时间复杂度为 $O(n\times\sqrt{n})$），所以必须思考用更高效率的算法来求解本题。埃氏筛法是由希腊数学家埃拉托斯特尼所提出的一种简单检定素数的算法：要得到自然数 n 以内的全部素数，必须把不大于 $\sqrt{n}$ 的所有素数的倍数剔除，剩下的就是素数。

1．全局变量与函数定义

```
const int SIZE=1e7;
bool prime[SIZE];       // prime[i]值为 true，则表示 i 是素数
void IsPrime(int n)
{
    prime[1]=false;
    for(i=2; i<=sqrt(n); i++)
    {
        if(prime[i]==true) // i 是素数
        {
            for( j=2*i; j<=n; j+=i)   //通过埃氏筛法筛掉 i 的倍数的整数
                prime[j]=false;
        }
    }
}
```

2．主函数

```
int main()
{
    输入 n;
    for( i=1; i<=n; i++)    prime[i]=true;   //初始化数组
    IsPrime (n);
    for(i=1; i<=n; i++)
    {
        if (prime[i]==true )   打印 prime[i];
    }
}
```

埃氏筛法时间复杂度为 $O(n\times\log(\log n))$，比朴素算法具有更好的时间效率，能在本题要求的数据范围内求解问题。但在埃氏筛法中，一个数可以既是一个素数的倍数，也是另一个素数的倍数，算法会出现重复筛数据的情况。欧拉筛法就是在埃氏筛法的基础上多了一个判断步骤，从而消去了重复筛选的情况，欧拉筛法时间复杂度为 O(n)，所以也称为线性筛，请读者自行查阅相关资料进行学习。

例题 4.5：简单幂函数。

【题目描述】

形如 $y=x^a$ 的函数，即以底数为自变量，幂为因变量，指数为常量的函数称为幂函数。小

民想编写一个求幂函数，并在主函数调用该函数求 x^a 值，请你帮助小民编程求解该问题。

【输入格式】

一行，2 个整数 x 和 a，1≤x≤10，0≤a≤18，数据之间用一个空格隔开。

【输出格式】

一行，1 个 long long 型整数，表示 x^a 的值（$1 \leq x^a \leq 10^{18}$）。

【输入/输出样例】

样例	输入	输出
1	5 3	125
2	5 15	30517578125

【算法设计与实现】

解题方法一：朴素算法求幂值，时间复杂度为 O(n)。

```
long long Power(int x, int a)
{
    long long y=1;
    for(i=1; i<=a; i++)
    {
        y*=x;
    }
    return y;
}
```

解题方法二：快速幂算法求幂值，时间复杂度为 O(log n)。快速幂是国际大学生程序设计竞赛中常用的一种优化算法，详细内容请读者自行查阅相关资料进行学习。

```
long long FastPower(int x, int a)
{
    long long y=1;
    base=x;           //从底数开始乘
    while (a!=0)      //指数不为 0
    {
        if (a%2) y*=base;
        base*=base;
        a/=2;
    }
    return y;
}
```

4.3 项 目 实 践

实践 4.1：回文质数。

【题目描述】

小民最近发现了一种有趣的数字，如 131、191、353 等，这些数既是质数又是回文数（即顺读倒读都是一样的数），称其为回文质数。小民想知道在一个区间范围 a～b 内所有的回文质数。请你帮助小民编程求解该问题。

【输入格式】

一行，2 个整数 a 和 b，5≤a<b≤10000。

【输出格式】

多行，回文质数的列表。

【输入/输出样例】

样例	输入	输出
1	5 300	5 7 11 101 131 151 181 191

【算法分析】

质数又称素数，本题参考算法如下：

（1）编写埃氏筛法的函数例题（可参照例题 4.4 的算法）；

（2）编写判定回文数的函数（可参照例题 3.1、例题 3.2 算法）；

（3）主函数调用埃氏筛法函数求出区间范围[a,b]内的所有质数；

（4）主函数循环调用判定回文函数对[a,b]内每一个质数做回文判定。

实践 4.2：组合函数。

【题目描述】

老师要求小民编写一个函数求组合数 C(m,n)的值。组合数 C(m,n)可以理解为从 m 个数中任意取出 n 个数的所有情况数。在数学中，求组合数 C(m,n)的值可以借助 m 和 n 的阶乘来计算，计算公式如下：

$$C(m,n)=\frac{m!}{(m-n)!\times n!}$$

$$m!=m\times(m-1)\times(m-2)\times\cdots\times3\times2\times1$$

请你帮助小民编程求解该问题。

【输入格式】

一行，2 个整数 m 和 n，1≤n≤m≤10。

【输出格式】

一行，1 个整数，表示 C(m,n)的值。

【输入/输出样例】

样例	输入	输出
1	11 5	462
2	4 3	4
3	4 4	1

【算法分析】

组合是一个经典的数学问题，会出现在许多应用场景中，求解组合函数的具体算法如下：

（1）编写阶乘函数，设置整数变量为参数；

（2）在主函数调用阶乘函数按公式求组合值，实参与形参实现的是值传递。

实践 4.3：学生培训信息管理。

【题目描述】

为了提高学生的程序设计竞赛水平，学校对程序设计实验班的 n 名同学进行比赛培训，当前每个学生的培训信息如下：

姓名：不超过 20 个字符的字符串，没有空格。

年龄：周岁，整数。

去年比赛成绩：整数，0～700 分。

经过为期一年的培训后，实验班所有学生的成绩都提升了 20%（注：比赛成绩最高为 700 分）。老师需要小民编写程序来修改学生的培训信息，规则如下：①年龄加 1；②成绩提高 20%。请你帮助小民求解该问题。

【输入格式】

第一行数据，1 个整数 n，1≤n≤100，表示学生人数。

接下来 n 行数据，每行输入一名学生的姓名、年龄及去年比赛的成绩，数据间用空格隔开。

【输出格式】

n 行，每行输出一名学生的姓名、年龄及今年比赛的成绩，数据间用空格隔开。

【输入/输出样例】

样例	输入	输出
1	4 liujun 18 150 chenling 20 260 linhai 19 340 zhangyi 21 630	liujun 19 180 chenling 21 312 linhai 20 408 zhangyi 22 700

【算法分析】

本题是一道简单的结构体数组应用题，参考算法如下：

（1）定义学生信息结构体；

（2）编写修改结构体数组信息的函数，设置结构体数组为参数；

（3）在主函数调用修改函数实现信息修改，实参与形参实现的是地址传递。

第 5 章　递推与递归

1. 形成用递推算法解决问题的思维，能够总结出相关问题的递推公式；
2. 理解递归算法思想和递归调用流程，掌握递归算法设计流程和实现递归算法的编码；
3. 掌握递推问题的两种编程实现方法：循环法和递归函数法，能够评价所设计程序的时间复杂性和空间复杂性。

5.1 内 容 要 点

5.1.1 递推的概念

1. 概念

递推是按照一定规律来计算序列中的每个项，通常是通过计算前面的一些项来得出序列中指定项的值。其思想是把一个复杂的、庞大的计算过程转化为简单过程的多次重复，该算法利用了计算机计算速度快的特点。

递推算法是一种用若干步可重复运算来描述复杂问题的方法，是序列计算中的一种常用算法。

一个简单的递推例子：有 5 人坐在一起，当询问第 5 个人的年龄时，他说他比第 4 个人大 2 岁；询问第 4 个人的年龄时，他说他也比第 3 个人大 2 岁；以此类推，询问第 1 个人的年龄时，他说他 10 岁，求解第 5 个人年龄的推导式为 10→12→14→16→18。如果人数不是 5 人而是 n 人，则可以写出第 n 个人的年龄递推表达式为：

$$f(n)=\begin{cases}10 & (n=1)\\ f(n-1)+2 & (n\geqslant 2)\end{cases}$$

一个熟知的递推例子：斐波那契数列指的是由 1、1、2、3、5、8、13、21、…、n 组成的数列，即已知数列中第 1 项与第 2 项的值，后面的项由其前面 2 项之和计算而得，具体递推表达式为：

$$f(n)=\begin{cases}1 & (n=1,2)\\ f(n-1)+f(n-2) & (n\geqslant 3)\end{cases}$$

2. 递推求解的基本方法

（1）确认是否能很容易地得到该问题简单情况的解；

（2）假设规模为n-1的情况已经得到解决，当规模扩大到n时，如何枚举出所有的情况，并且要确保每一种子情况都能用已经得到的数据解决；

（3）得到问题的递推表达式后，可用循环结构或递归函数实现求解。

3. 递推的循环实现

```
int Fib(int n)   //求斐波那契数列第 n 项函数（循环法）
{
    int f1=1, f2=1, f3=1;
    for(i=3; i<=n; i++)
    {
        f3=f1+f2;
        f1=f2;
        f2=f3;
    }
    return f3;
}
```

5.1.2 递归的概念

程序调用自身的编程技巧称为递归。递归作为一种算法在程序设计语言中广泛应用。一个过程或函数在其定义或说明中有直接或间接调用自身的一种方法，它通常把一个大型复杂的问题层层转化为一个与原问题相似、规模较小的问题来求解，递归策略只需少量的程序就可描述出解题过程所需要的多次重复计算，大大减少了程序的代码量。递归的能力在于用有限的语句来定义对象的无限集合。一般来说，递归需要边界条件、递归前进段和递归返回段。当不满足边界条件时，递归前进；当满足边界条件时，递归返回。

构成递归的条件：

（1）子问题须与原始问题为同样的事情，且更为简单；

（2）不能无限制地调用本身，必须有个出口，化简为非递归状况处理。

对于递推问题，可以通过循环结构或递归函数来实现问题求解，而递归函数会更加简洁，更易于理解。但是递归是用栈结构实现的，每深入一层，都要占据一块栈数据区域，对嵌套深度大的算法，可能会因栈满而导致程序崩溃，编程者必须分析应用场景做出正确选择。

```
int Fib (int n)   //求斐波那契数列第 n 项函数（递归法）
{
    if(n==1 || n==2)   return 1;
    else return Fib(n-1)+Fib(n-2);
}
```

5.1.3 递归函数调用过程的剖析

递归算法由递归函数实现，以求整数 n 的阶乘 n!为例，分析递归函数的调用过程。求 n 的阶乘的递推公式为：

$$f(n)=\begin{cases}1 & (n=0,1)\\ n\times f(n-1) & (n\geqslant 2)\end{cases}$$

```
long long Fact(int n)               //整数 n!递归求解函数
{
    if (n < 0)                      //防御性程序设计
        return -1;
    else if (n==0 || n==1)          //递归终止条件
        return 1;
    else
        return (n * Fact(n-1));     //递归调用
}
```

当 n = 5 时，从 main()函数调用 Fact (5)开始，递归函数执行过程如下：

（1）前进阶段。

1）由 Fact(5)=5×Fact(4)计算，但 Fact(4)未知，需要再次调用阶乘函数，即执行 2)；

2）由 Fact(4)=4×Fact(3)计算，但 Fact(3)未知，需要再次调用阶乘函数，即执行 3)；

3）由 Fact(3)=3×Fact(2)计算，但 Fact(2)未知，需要再次调用阶乘函数，即执行 4)；

4）由 Fact(2)=2×Fact(1)计算，但 Fact(1)未知，需要再次调用阶乘函数，即执行 5)；

5）根据递归函数知 Fact(1)=1。

递归阶乘函数前进阶段的过程如图 5.1 所示。

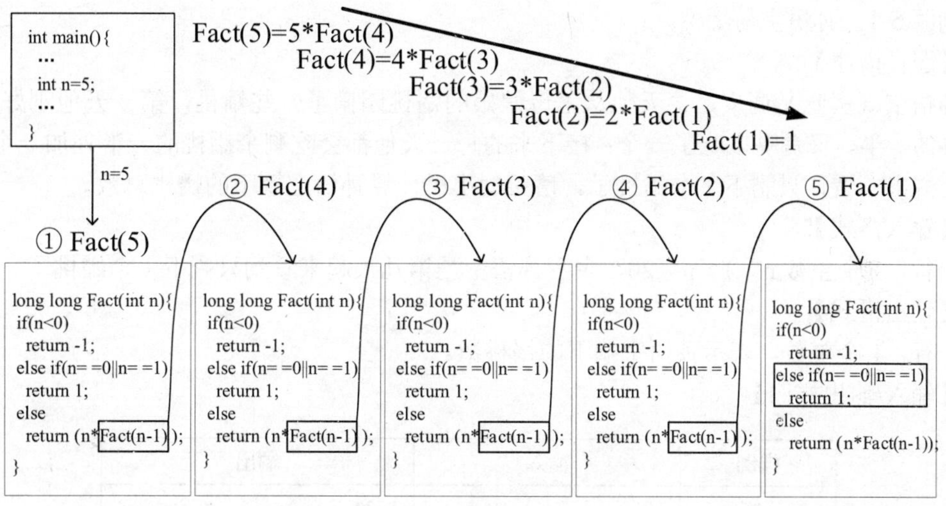

图 5.1　递归阶乘函数前进阶段的过程

（2）函数返回。

1）当 Fact(1)=1 返回后，可以计算 Fact(2)=2×Fact(1)=2×1=2；

2）当 Fact(2)=2 返回后，可以计算 Fact(3)=3×Fact(2)=3×2=6；

3）当 Fact(3)=6 返回后，可以计算 Fact(4)=4×Fact(3)=4×6=24；

4）当 Fact(4)=24 返回后，可以计算 Fact(5)=5×Fact(4)=5×24=120。

递归阶乘函数的返回过程如图 5.2 所示。

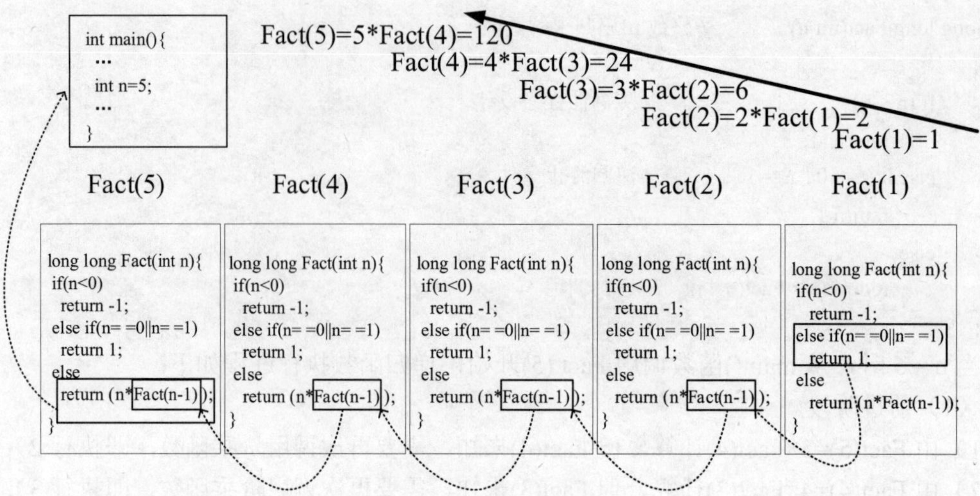

图 5.2 递归阶乘函数的返回过程

5.2 案例分析

例题 5.1：孙悟空与蟠桃。

【题目描述】

孙悟空既贪吃又调皮，一天他从王母娘娘的蟠桃园摘了一些蟠桃，第一天他刚好吃了这些蟠桃的一半，又贪嘴多吃了一个；接下来的每一天他都会吃剩余蟠桃的一半外加一个。第 n 天早上醒来一看，只剩下 1 个蟠桃了。请帮助小民计算孙悟空摘下的蟠桃总数。

【输入格式】

一行，1 个整数 n，1≤n≤20，表示孙悟空是第几天起来看到只剩下 1 个蟠桃了。

【输出格式】

一行，1 个整数，表示孙悟空摘下的蟠桃数。

【输入/输出样例】

样例	输入	输出
1	10	1534

【算法设计与实现】

1. 递推分析

可以从最后一天开始往前推算，设 f(n)表示倒数第 n 天的蟠桃总数，因为孙悟空每一天都会吃当天蟠桃的一半外加一个，则推导过程如下：

（1）最后一天为 1，即 n = 1 时，f(n) = 1;

（2）倒数第二天，即 n = 2 时，f(1) = f(2) - f(2)/2 – 1 →f(1) =f(2)/2 – 1→f(2) = (f(1)+1)×2;

（3）倒数第 n 天，可得 f(n) = (f(n-1) + 1)×2。

所以，求蟠桃总数递推公式为：

$$f(n)=\begin{cases}1 & (n=1)\\ [f(n-1)+1]\times 2 & (n\geqslant 2)\end{cases}$$

2. 算法实现

解题方法一：用循环结构实现求解。

```
int Fun(int n)
{
    sum = 1;
    for(i=n;i>1;i--)  //循环结构实现递推
    {
        sum=2*(sum+1);
    }
    return sum;
}
```

解题方法二：用递归函数实现求解。

```
int Fun(int n)
{
    if (n==1)
        return 1;
    else
        return ((Fun(n-1)+1)*2);
}
```

例题 5.2：小民与信封。

【题目描述】

小民写了 n 封信，编号为 1～n，这 n 封信要对应装到编号为 1～n 的信封中。在装信封时，小民想知道所有信都装错了信封的可能性有多少种？请你帮助小民编程求解该问题。

【输入格式】

一行，1 个整数 n，表示小民有 n 封信（编号 1～n）和 n 个信封（编号 1～n）。

【输出格式】

一行，1 个整数，表示小民把所有信都装错信封的情况数。

【算法设计与实现】

1. 递推分析

（1）当 n = 1 时，即仅有 1 封信时，装错的情况为 0；当 n = 2 时，装错情况为 1，即 f(1)=0，f(2)=1。

（2）当有 n 封信的时候，前面 n-1 封信可以有 n-1 封或 n-2 封错装。因为：

1）当 n-1 封装错时，第 n 封信装入某个错的信封，该信封里原来的信装入第 n 个信封中，即(n-1)×f(n-1)。

2）当 n-2 封装错时，即一个装对，则将装对的信装到第 n 个信封，而第 n 封信装入对的信封中，没装错的那封信可以是前面 n-1 封信中任意一个，即 (n-1)×f(n-2)。

两种情况结合起来，即 f(n) = (n-1)×f(n-1) + (n-1)×f(n-2) =(n-1)×(f(n-1) + f(n-2))。

综合（1）、（2），全部装错的情况数的递推公式为：

$$f(n)=\begin{cases}0 & (n=1)\\ 1 & (n=2)\\ (n-1)\times[f(n-1)+f(n-2)] & (n\geqslant 3)\end{cases}$$

2. 算法实现

解题方法一：用循环结构实现求解。

请读者自行思考并用循环结构完成求解。

解题方法二：用递归函数实现求解。

```
long long Fun (int n) //递归算法
{
    if(n==1)
        return 0;
    else if(n==2)
        return 1;
    else
        return ((n-1) * (Fun(n-1) + Fun(n-2)));
}
```

例题 5.3：骨牌问题。

【题目描述】

有 1×n 的一个长方形，现需要用 3 种规格（1×1、1×2、1×3）的骨牌铺满该长方形，每种规格的骨牌可无限量供应，求铺满长方形共有多少种不同铺法。例如当 n=3 时，表示有 1×3 的长方形，此时用 1×1、1×2 和 1×3 的骨牌铺满该长方形，共有 4 种铺法，如图 5.3 所示。

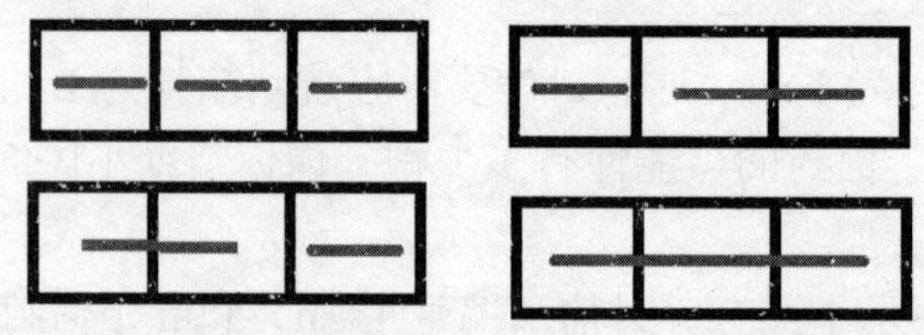

图 5.3 骨牌铺设 1×3 长方形的 4 种铺法

【输入格式】

一行，1 个整数 n，表示 1×n 的长方形需要铺设骨牌。

【输出格式】

一行，1 个整数，表示铺满长方形共有多少种不同铺法。

【输入/输出样例】

样例	输入	输出
1	3	4

【算法设计与实现】

1. 递推分析

（1）当格子数小于等于 3 时，枚举可得：

1）1 个格子时：有 1 种铺法；

2）2 个格子时：有 2 种铺法；

3）3 个格子时：有 4 种铺法。

（2）当格子数大于 3 时，考虑第 1 枚骨牌的规格，有：

1）如果第一枚骨牌是 1×1，剩下的铺法同 n-1 个格子时的铺法相同；

2）如果第一枚骨牌为 1×2，剩下的铺法同 n-2 个格子时的铺法相同；

3）如果第一枚骨牌为 1×3，剩下的铺法同 n-3 个格子时的铺法相同。

可推出 n>3 时，f(n)=f(n-1)+f(n-2)+f(n-3)。

综合（1）、（2），求铺法数的递推公式为：

$$f(n)=\begin{cases}1 & (n=1)\\ 2 & (n=2)\\ 4 & (n=3)\\ f(n-1)+f(n-2)+f(n-3) & (n\geqslant 4)\end{cases}$$

2. 算法实现

解题方法一：用循环结构实现求解。

```
int Fun(int n)
{
    f1=1, f2=2, f3=4;
    if(n==1)
        return f1;
    else if(n==2)
        return f2;
    else if(n==3)
        rerurn f3;
    for(i=4; i<=n; i++)
    {
        f4=f1+f2+f3;
        f1=f2;
        f2=f3;
        f3=f4;
    }
    return f4;
}
```

解题方法二：用递归函数实现求解。

```
int Fun(int n)
{
    if(n==1)
        return 1;
    else if(n==2)
        return 2;
    else if(n==3)
        rerurn 4;
    else
        return (Fun(n-1)+ Fun(n-2)+ Fun(n-3));
}
```

本题可采用循环结构与递归函数两种方法实现求解，通过观察它们的运行时间，可以发现随着 n 值的增大，递归函数的运行时间远大于循环结构。本题递归算法时间效率低的原因是调用中存在大量重复计算，例如求 Fun(6)时，需要调用 Fun(5)、Fun(4)、Fun(3)，求解 Fun(5)时又调用 Fun (4)、Fun (3)、Fun (2)，这样 Fun (4)及 Fun (3)就分别被调用了两次，以此类推，时间效率会随着 n 的增大极速下降。要解决这个问题，可以使用记忆化思想，请读者自行查阅相关资料进行学习。

例题 5.4：直线分割圆。

【题目描述】

最近小民遇到一个复杂的数学问题：在一个平面上有一个圆和 n 条直线，这些直线中每一条在圆内同其他直线相交，假设没有 3 条直线相交于一点的情况，试问这 n 条直线会将圆分成多少个区域。请你帮助小民编程求解该问题。

【输入格式】

一行，1 个整数 n，表示有 n 条直线。

【输出格式】

一行，1 个整数，表示 n 条直线将圆分成的区域数。

【输入/输出样例】

样例	输入	输出
1	3	7
2	10	56

【算法设计与实现】

1. 递推分析

递推列表	图示
n = 0，f(0) = 1	
n = 1，f(n) = 2 = 1+1	
n = 2，f(n)=2+2 = f(n-1)+n 第2条边被第1条边和圆分成了圆内的两部分，故多出 2 个区域	
n = 3，f(n)=4+3 = f(n-1)+n 同理：第 3 条边被第 1、2 条边和圆分成了圆内的三部分，故多出 3 个区域	
以此类推	……
递推公式：$f(n)=\begin{cases}1 & (n=0)\\ n+f(n-1) & (n\geqslant 1)\end{cases}$	
递推公式化简：f(n) = f(n-1) + n =1+ 1+2+3+⋯+n = 1+n(n+1)/2	

2. 算法实现

本题同样也可采用循环结构与递归函数两种方法实现求解。同时因为本题递推公式可以化简成一个关于 n 的二次多项式，所以直接利用该公式求解问题，时间复杂度可以达到 O(1)，此方法是本题效率最高的解题方法。

解题方法一：用简化的递推公式实现求解。

```
int Fun(int n)
{
    f=1+n*(n+1)/2;
    return f;
}
```

解题方法二：用递归函数实现求解。

```
int Fun (int n)
{
    if(n==0)
        return 1;
    else
        return (n+Fun(n-1)) ;
}
```

5.3 项目实践

实践 5.1：RPG 涂色难题。

【题目描述】

最近小民接到一个涂色任务：有排成一行的 n 个方格，用红（Red）、粉（Pink）、绿（Green）三色涂每个格子，每格涂一色，要求任何相邻的方格不能同色，且首尾两格也不能同色。小民想知道有多少种涂色方案能满足要求，请你帮助小民编程求解该问题。

【输入格式】

一行，1 个整数 n，1≤n≤50，表示要涂色的排成一行的 n 个方格。

【输出格式】

一行，1 个整数，表示满足要求的涂色方案数。

【输入/输出样例】

样例	输入	输出
1	1	3
2	2	6
3	5	30

【算法分析】

可以设想把最后一格和第一格连接在一起，本题就变成把圆分成几块扇形进行涂色的问题了。

（1）如果 n≤3，枚举可得：

1）n = 0 时，f(n) = 0；

2）n = 1 时，从三种颜色选 1 种排列，即 f(n) = 3；

3）n = 2 时，从三种颜色选 2 种排列，即 f(n) = 6；

4）n = 3 时，从三种颜色选 3 种排列，即 f(n) = 6。

（2）如果 n>3，当对第 n 个方格涂色时，有两种情况：

1）如果已经对前面 n-1 个方格涂好颜色，有 f(n-1)种方案，此时第 n-1 格跟第一个格颜色一定不一样，所以第 n 格只有一种颜色可选，即有 f(n-1)种涂色方案。

2）如果已经对前面 n-2 个方格涂好颜色，有 f(n-2)种方案，此时第 n-1 格颜色跟第一个格颜色一样，第 n 个方格可以选择填两种颜色，即此时有 2×f(n-2) 种涂色方案。

综上 1）2），可以推出：f(n) = f(n-1) + 2×f(n-2)。

综合（1）、（2），涂色方案的递推公式为：

$$f(n)=\begin{cases}0 & (n=0)\\ 3 & (n=1)\\ 6 & (n=2)\\ 6 & (n=3)\\ f(n-1)+2\times f(n-2) & (n\geqslant 4)\end{cases}$$

根据递推公式，本题同样也可采用循环结构与递归函数两种方法实现求解。

实践 5.2：小民走台阶。

【题目描述】

小民的教室在楼上，需要走 n 阶台阶才能到达。老师规定了上台阶的规则：要么一步上一阶，要么一步上两阶。小民好奇地想知道到达教室一共有多少种不同的上台阶方法，请你帮助小民编程求解该问题。

【输入格式】

一行，1 个整数 n，1≤n≤1000，表示到达教室的台阶数。

【输出格式】

一行，1 个整数，表示到达教室上台阶的方法总数。

【输入/输出样例】

样例	输入	输出
1	4	5

【说明/提示】

当小民到达教室要走 4 个台阶时，可有 5 种上台阶的方法，分别如下：

（1）1 台阶→1 台阶→1 台阶→1 台阶；

（2）2 台阶→1 台阶→1 台阶；

（3）1 台阶→2 台阶→1 台阶；

（4）1 台阶→1 台阶→2 台阶；

（5）2 台阶→2 台阶。

【算法分析】

本题是斐波那契数列的一个应用场景。由于斐波那契数列增长很快，long long 型变量最大只能存储到 f(92)，而 double 型变量最大能存储到 f(1476)。根据本题的数据范围，必须选择 double 型变量来存储走台阶的方法总数。如果应用场景 n >1476 时，数据就要采用高精度存储方法了，请读者自行查阅相关资料进行学习。

实践 5.3：数的计算。

【题目描述】（洛谷平台）

小民和他的同学在进行数的计算比赛，比赛规则是要对于某一个正整数 n 进行如下的操作：

（1）不做任何处理；

（2）在它的左边加上一个正整数，但该正整数不能超过原数的一半；

（3）加上数后，继续按此规则进行处理，直到不能再加正整数为止。

比赛要求选手计算出符合上述操作产生的数的个数（包含输入的正整数 n），小民打算利用计算机编程求解该问题，他应如何设计算法呢？

【输入格式】

一行，1 个正整数 n，1≤n≤1000。

【输出格式】

一行，1 个整数，表示具有该性质的数的个数。

【输入/输出样例】

样例	输入	输出
1	6	6

【说明/提示】

样例 1 说明：如果 n=6，按比赛规则操作该数，则满足条件的数一共有 6 个：

（1）原数：6；

（2）第一轮操作：16、26、36；

（3）第二轮操作：126、136。

【算法分析】

分析题意，可得解递推公式如下：

当 n 为偶数时，f(n)=f(n-1)+f(n/2)；

当 n 为奇数时，f(n)=f(n-1)。

请读者采用循环结构与递归函数两种方法实现求解。

实践 5.4：组合的应用。

【题目描述】

小民得到 n 个值互不相等的整数序列 $\{x_1,x_2,\cdots,x_n\}$，现在他需要从中选出 k 个数进行组合，然后对各组合元素求和，统计和值为素数的组合个数。例如，n=4，4 个整数分别为 {3,7,12,19}，当 k=3 时，全部的组合及组合元素求和的情况如下：

（1）3+7+12=22；

（2）3+7+19=29；

（3）7+12+19=38；

（4）3+12+19=34。

其中只有第（2）种组合中的元素和为素数，所以统计值为 1。

【输入格式】

第一行，整数 n 和 k，1≤n≤20，k≤n。

第二行，n 个整数，$\{x_1,x_2,\cdots,x_n\}$，$1\leq x_i\leq 5000000$，n 个整数值互不相等。

【输出格式】

一行，1 个整数，表示元素和为素数的组合个数。

【输入/输出样例】

样例	输入	输出
1	4 3 3 7 12 19	1

【算法分析】

本题是组合选数和判定素数两个问题的简单叠加。在第 4 章已经讨论过朴素算法和埃氏筛法两种判定素数的算法。组合选数问题可以通过递归选数来求解，先将所有数存储在数组 data[]中，数据访问标记数组 visit[]初始化为 false，表示都未被选取过。组合选数的递归函数原型可设计为：

```
void Cmb(int num,int sum);   //num 表示搜索到 data[num]，sum 表示取了几个数
```

在递归函数中循环变量 i 值从 num 变到 n-1，循环体首先判定 data[i] 如果未被选取过，则选取它，标记 visit[i]为 true，接着判定是否已经取够 k 个数据，如果取够就处理求和、判断素数及统计问题，若还没取够 k 个数据，则递归继续选数 Cmb (i+1,sum+1)，递归中要记得回溯 visit[i]为 false。

实践 5.5：瓷砖铺设。

【题目描述】（洛谷平台）

小民家有一面长为 n，高为 2 的墙壁需要铺设瓷砖，现有两种规格的瓷砖：一种是覆盖 2 个单元的 1×2（长×高）型的，另一种是覆盖 3 个单元 L 型的。铺设时瓷砖可以旋转使用，这两种瓷砖可能的铺设样例如图 5.4 所示。两种瓷砖无限量提供，小民的任务是计算铺满该墙壁有多少种铺设方案。

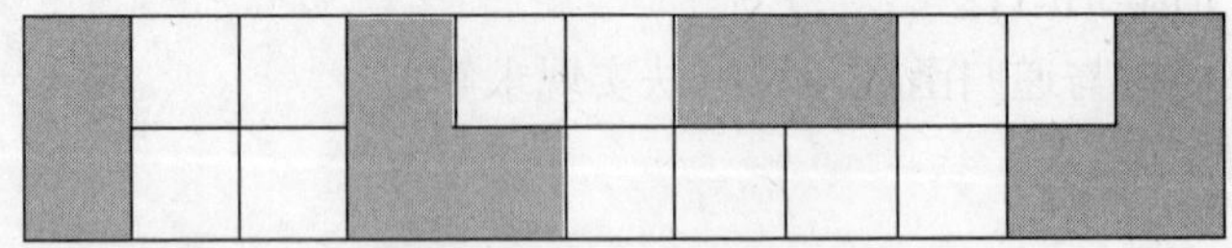

图 5.4　瓷砖铺设样例

【输入格式】

一行，1 个整数 n，1≤n≤50，表示墙壁的长。

【输出格式】

一行，1 个整数，表示铺设方案数量。

【输入/输出样例】

样例	输入	输出
1	3	5
2	13	3465

【说明/提示】

样例 1 说明：对于 n=3 的墙壁，可以有 5 种铺设方案，如图 5.5 所示。

【算法分析】

用 f(n)表示墙壁长为 n 的铺设方案数，首先考虑边界情况 f(0)与 f(1)的取值，然后对长度为 n>1 时，第 n 列的铺设考虑以下 3 种情况：

（1）铺设 1 个 1×2 型的瓷砖（竖放）的情况，那么减掉 1 块砖，对应的情况就是 n-1 列的完全情况；

（2）铺设 2 个 1×2 型的瓷砖（横放）的情况，那么减掉 2 块砖，对应的情况就是 n-2 列的完全情况；

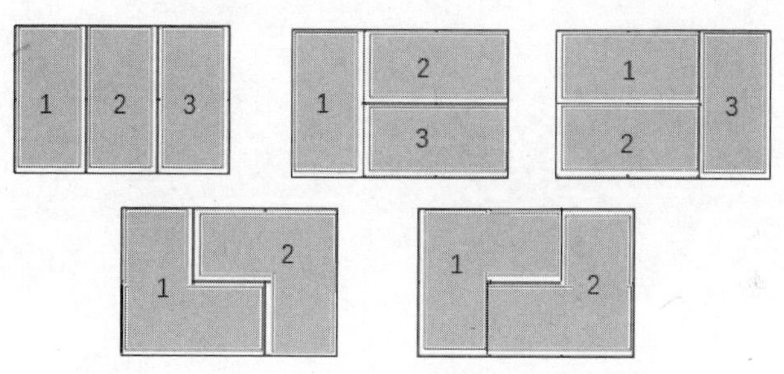

图 5.5　n=3 墙壁的铺设方案

（3）铺设 1 个 L 型瓷砖的情况，请读者自行分析此时对应的情况。

得到递推公式后，请读者采用循环结构与递归函数两种方法实现求解。

实践 5.6：幂次方的表示。

【题目描述】

任何一个正整数都可以用 2 幂次方来表示，例如：$137=2^7+2^3+2^0$，用括号来表示方次，即 a^b 可表示为 a(b)。由此可知，137 可表示为 2(7)+2(3)+2(0)。我们继续约定 2^1 用 2 表示，则有 $7=2^2+2+2^0$ 和 $3=2+2^0$，所以，137 的 2 幂次方表示为：

2(2(2)+2+2(0))+2(2+2(0))+2(0)

又如 $1315=2^{10}+2^8+2^5+2+2^0$，1315 最后可用 2 幂次方表示为：

2(2(2+2(0))+2)+2(2(2+2(0)))+2(2(2)+2(0))+2+2(0)

小民要完成写出正整数 n 的 2 幂次方表示的任务，请你帮助小民编程求解该问题。

【输入格式】

一行，1 个正整数 n，n≤20000。

【输出格式】

一行，1 个字符串，表示正整数 n 的 2 幂次方表示（在表示中不能有空格）。

【输入/输出样例】

样例	输入	输出
1	137	2(2(2)+2+2(0))+2(2+2(0))+2(0)
2	1315	2(2(2+2(0))+2)+2(2(2+2(0)))+2(2(2)+2(0))+2+2(0)

【算法分析】

本题求整数 n 的 2 幂次方表示，需要考虑除 2 运算，以及除了多少个 2，根据题目的数据范围，我们可以使用模拟与枚举或者递归函数两种方法来求解该问题。求解过程注意以下信息：

（1）2^1 用 2 表示；

（2）最后分解的结果只有 2 和 0，存在其他数据就要继续分解；

（3）最后的结果是一个字符串的表示。

第6章 枚举算法

1. 理解枚举算法的思想及程序的执行过程;
2. 掌握分析枚举算法时间复杂度的方法，并能提出优化枚举算法的方案;
3. 对给定的问题能设计出相应的枚举算法，并论证其可行性;
4. 在思考与实践优化算法中，养成精益求精的工匠精神。

6.1 内容要点

6.1.1 算法定义

枚举算法（也称穷举算法、暴力破解算法），就是逐一列举某类事件的所有可能情况，然后判断其是否符合题目要求的算法。枚举的重点在于如何找到一个合适的维度来进行枚举。

6.1.2 算法解题思路

枚举算法的解题思路如下：

（1）确定枚举对象、范围和判定条件；

（2）逐一枚举可能的解并验证每个解是否是问题的解。

确定解题的可能范围是枚举的关键，不能遗漏任何一个真正解，不能重复，同时为了提高解决问题的效率，还需使可能解的范围降至最小。枚举算法本质上属于搜索策略，即对问题所有可能解的状态集合进行一次扫描或遍历。在具体的程序实现过程中，可以通过循环和条件判断语句来完成。枚举算法常用于解决“是否存在”或“有多少种可能”等类型的问题。

6.1.3 算法优缺点

枚举算法的优缺点如下：

（1）优点：枚举算法一般是现实生活中问题的“直译”，因此比较直观，便于思考与编程，能解决许多用其他算法难以解决的问题；枚举算法建立在考察大量状态，甚至是穷举所有状态的基础上，所以算法的正确性比较容易证明。

（2）缺点：枚举算法效率取决于枚举状态的数量以及单个状态枚举的代价，因此效率比较低。

6.1.4 算法解题条件

枚举算法的解题条件如下：

（1）时间条件：在主流的在线评测实践系统中，1 秒的时间限制下可以运行 10^7 以内的基本运算，所以在采用枚举方法之前要估算数据范围，确保程序执行基本运算的次数在 10^6～10^7 这个量级。如果超过了该数量级，首先尝试算法优化，将与问题有关的知识条理化、完备化、系统化，从中找出规律，减少枚举量。如果算法优化也达不到时间要求就只能使用其他算法了。

（2）编程上的实现条件：虽然枚举算法本质上属于搜索，但是它与回溯算法有所不同，使用枚举算法求解的问题必须满足两个条件：一是可预先确定枚举维度数 n；二是 n 个维度的状态元素 a_1，a_2，…，a_n 的可能值都为一个连续的值域，如果枚举范围是离散的，那么一般很难使用 for 循环枚举出所有状态，也就不能保证解的完整性。

6.1.5 算法代码框架

枚举算法框架如下：

```
for (a1=a11→a1k)
    for (a2=a21→a2k)
        …
            for(an=an1→ank)
                if(状态(a1, a2, …, an)满足题目要求)
                {
                    记录或输出问题的解;
                }
```

6.1.6 算法优化方法

枚举算法基本运算的计算量：$a_{1k}\times a_{2k}\times\ldots\times a_{nk}$，即所有维度的状态值相乘。主要优化方法有两种：一是减少枚举维度，即减少循环层数；二是降低单个维度的状态考察代价，即减少循环的次数。通过对问题的分析，挖掘出问题的隐含条件，尽可能排除那些明显不属于问题的解的状态，从而降低枚举算法的计算量。

6.2 案例分析

例题 6.1：三连击。

【题目描述】（NOIP 1998 年普及组）

将 1，2，…，9 共 9 个数分成三组，分别组成 3 个三位数，且使这 3 个三位数的比例是 1:2:3，试求出所有满足条件的 3 个三位数。

【输出格式】

若干行，每行 3 个数字，按照每行第一个数字升序排列。

【算法设计与实现】

1. 枚举算法分析

1～9 一共 9 个数，分成 3 个三位数，要求 3 个数的比例为 1:2:3，例如 192、384、576 就是一组符合条件的数据。根据题意，最简单的方法就是枚举这 3 个数据（x、y、z）的取值范围，枚举维度为 3，第 1 维度 x 的初值为 123，第 2 维度 y 的初值为 246=123×2，第 3 维度 z 的初值为 369=123×3；显然 z 的终止值为 987，x 的终止值为 329=987/3，y 的终止值为

658=329×2。在此枚举集合中有两个筛选条件：一是 x、y、z 的 9 个位数各不相同；二是 x、y、z 数据值符合比例。

```
int main()
{
    for(x=123→329)
     for(y=246→658)
       for(z=369→987)
          if (x、y、z 取值符合比例)
          {
              拆分 x、y、z 的各位数据，存储到数组 a[0]～a[8];
              if (数组 a[0]～a[8]数据各不相同)   输出结果;
          }
}
```

2. 实现条件分析

本例题实现条件如下：

（1）时间条件：此算法为 3 层循环，计算量为（329-123+1）×（658-246+1）×（987-369+1），约为 $200 \times 400 \times 600 \approx 10^7$，计算量在 1 秒时间限制内，此枚举方法可行。

（2）变量取值范围：C 语言 int 型变量的取值范围在 32 位/64 位系统中都是 32 位，范围为-2147483648～+2147483647，无符号情况下表示为 0～4294967295，本算法变量 x、y、z 取值范围为 123～987，类型定义为 int 已经足够使用。

3. 优化算法

上述 3 重循环枚举算法，计算量虽在 1 秒时间运算量限制内，但已经达到上限，很危险，所以需要优化。根据题意，x、y、z 数据值必须符合比例 1:2:3，所以算法可以只需枚举 x，而 y 和 z 的值通过计算获得，优化算法如下：

```
int main()
{
    for(x=123→329)
    {
       y=2*x;
       z=3*x;
       拆分 x、y、z 的各位数据，存储到数组 a[0]～a[8];
       if (数组 a[0]～a[8]数据各不相同)   输出结果;
    }
}
```

优化算法实现条件分析：本算法只用了 1 层循环，计算量为 10^2，相比 3 重循环枚举算法效率显著提高。

例题 6.2：六角填数。

【题目描述】（蓝桥杯[1] 2014 年省赛）

---

[1] 蓝桥杯：蓝桥杯全国软件和信息技术专业人才大赛是由中华人民共和国工业和信息化部人才交流中心主办，国信蓝桥教育科技（北京）股份有限公司承办的计算机类学科竞赛。截至 2023 年 5 月，蓝桥杯全国软件和信息技术专业人才大赛已举办 13 届。

如图 6.1 所示，填入数字 1～12，使得每条直线上的数字之和都相同。图中，已经填好了 3 个数字，请计算星号位置所代表的数字是多少？

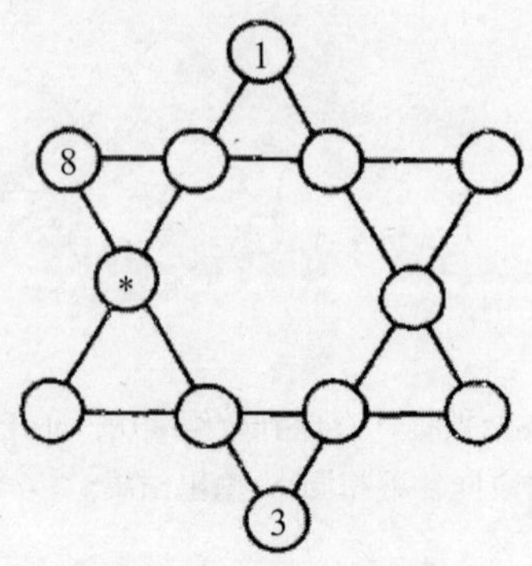

图 6.1　六角填数图 1

【输出格式】

一行，1 个整数，表示星号位置所代表的数字。

【算法设计与实现】

1. 枚举算法分析

根据图 6.1，按照从上到下、从左到右的顺序，给 12 个圆圈编号为 a[1]～a[12]，其中 a[1]=1、a[2]=8、a[12]=3，题目要求求解 a[6]的值。因为已知 3 个数据，9 个数据待定，最简单的方法就是枚举这 9 个数据，因为 a[1]=1，所以这 9 个数据的枚举值应该为 2～12，可得如下算法：

```
int main()
{
    for(a[3]=2→12)
        for(a[4]=2→12)
            …
                for(a[11]=2→12)
                {
                    判定 a[1]～a[12]互不相等;            //条件①
                    判定 6 条直线之和相等;                //条件②
                    if (条件①②都成立) 输出 a[6];
                }
}
```

2. 实现条件分析

时间条件：此算法为 9 层循环，计算量为 11×11×⋯×11，约为 10^9，计算量已经超出 1 秒时间限制，此枚举方法不可行，必须优化。

3. 优化算法

观察图 6.1，可以发现 a[1]～a[12]这 12 个数据，每个数据都出现在 2 条直线上，根据数学知识，这 6 条直线的数据和为 sum=(1+2+3+⋯+12)×2=156，因为 6 条直线的数据和相等，所以每条直线的和都为 26=156/6。根据直线和为 26 这个条件，再观察图 6.2 可以发现，如果枚举了 a[3]、a[4]、a[6]、a[7]，而 a[5]、a[8]、a[9]、a[10]、a[11]都是某条直线上唯一未知的数据了，所以可以通过计算求得 a[5]、a[8]、a[9]、a[10]、a[11]，不必枚举它们。

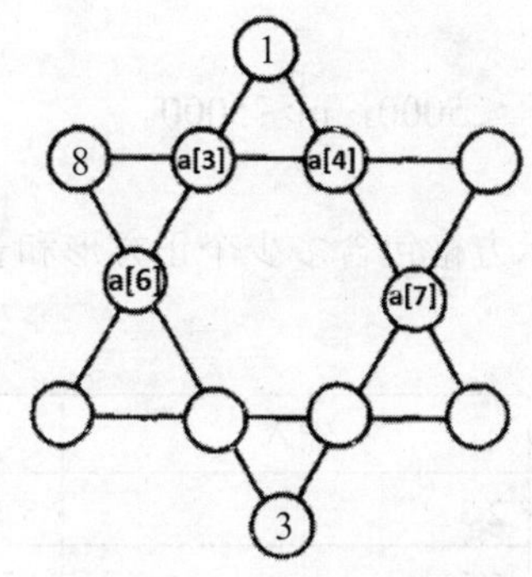

图 6.2 六角填数图 2

综上分析，可得优化后的算法：

```
int main()
{
    for(a[3]=2→12)
        for(a[4]=2→12)
            for(a[6]=2→12)
                for(a[7]=2→12)
                {
                    计算 a[5]=26-8-a[3]-a[4];
                    计算 a[8]=26-1-a[3]-a[6];
                    计算 a[9]=26-8-3-a[6];
                    计算 a[10]=26-3-a[5]-a[7];
                    计算 a[11]=26-1-a[4]-a[7];
                    判定 a[5]~a[11]取值都为：1~12;        //条件①
                    判定 a[1]~a[12]互不相等;              //条件②
                    if(条件①②都成立) 输出 a[6];
                }
}
```

优化算法实现条件分析：该算法用了 4 层循环，计算量为 11×11×11×11，约为 10^4，计算量在 1 秒时间运算量限制内，此枚举方法可行。变量取值范围：本算法变量 a[1]～a[12]取值范围为 1～12，类型定义为 int 已经足够使用。

例题 6.3：方形统计。

【题目描述】（NOIP 1997 年普及组）

有一个 n×m 方格的棋盘（图 6.3），求其方格包含多少个正方形和长方形（不包含正方形）。

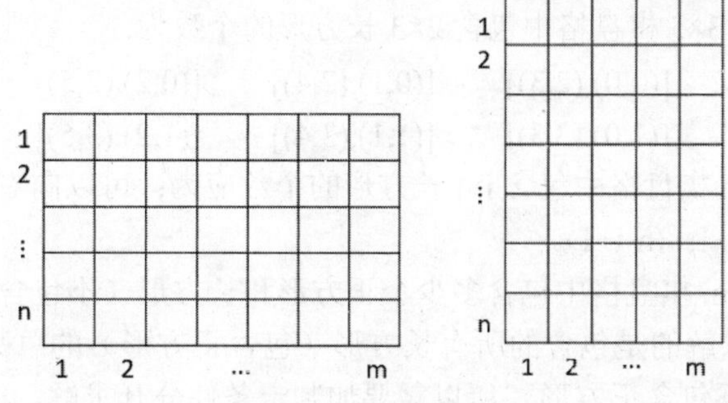

图 6.3 n×m 棋盘格

【输入格式】

一行，2 个正整数 n 和 m，n ≤5000，m≤5000。

【输出格式】

一行，2 个正整数，分别表示方格包含多少个正方形和长方形（不包含正方形）。

【输入/输出样例】

样例	输入	输出
1	2 3	8 10
2	5 5	55 170
3	4 2	11 19

【算法设计与实现】

1. 枚举算法分析

（1）枚举求 n×m 棋盘格中包含长方形（包括正方形）的种类。

在给定的棋盘格中，无论是 n≥m 还是 n<m，枚举它包含的长方形（包括正方形）种类都为：

1×1　1×2　1×3　…1×m
2×1　2×2　2×3　…2×m
3×1　3×2　3×3　…3×m
…
n×1　n×2　n×3　…n×m

长方形（包括正方形）总个数=1×1 个数+1×2 个数+…1×m 个数+2×1 个数+…+ n×m 个数。很显然要用 2 重循环语句实现枚举，外循环枚举长方形宽（i）的取值，内循环枚举长方形长（j）的取值，算法如下：

```
int main()
{
    for(i=1→n)
       for(j=1→m)
           s=s+n×m 棋盘格中 i*j 长方形（包括正方形）的个数;
}
```

（2）枚举 n×m 棋盘格中包含 i×j 长方形的个数。

在给定的 n×m 棋盘格中，可以从坐标(0,0)开始向右、向下平移枚举它包含 i×j 长方形的个数。如图 6.4 所示，在 3×5 棋盘格中包含 2×3 长方形的个数为：

[(0,0),(2,3)]　[(0,1),(2,4)]　[(0,2),(2,5)]
[(1,0),(3,3)]　[(1,1),(3,4)]　[(1,2),(3,5)]

以此类推，在 n×m 棋盘格中包含 i×j 长方形的个数应为：可以向右平移量×可以向下平移量，用公式表示为(m-j+1)×(n-i+1)。

（3）分开枚举 n×m 棋盘格中包含多少个正方形和长方形（不包含正方形）。

以上（1）、（2）求解的是包含的所有长方形（包含正方形）的总数量，而题目要求分开求解正方形、长方形（不包含正方形），所以需要加判定条件分开求解，正方形判定条件为 i==j,

长方形（不包含正方形）判定条件为 i!=j。可得最终算法：

```
int main()
{
    s1=0; s2=0;   // s1 为正方形计数器，s2 为长方形计数器
    for(i=1→n)
        for(j=1→m)
            if (i==j)   s1=s1+(m-j+1)*(n-i+1);
            else   s2=s2+(m-j+1)*(n-i+1);
}
```

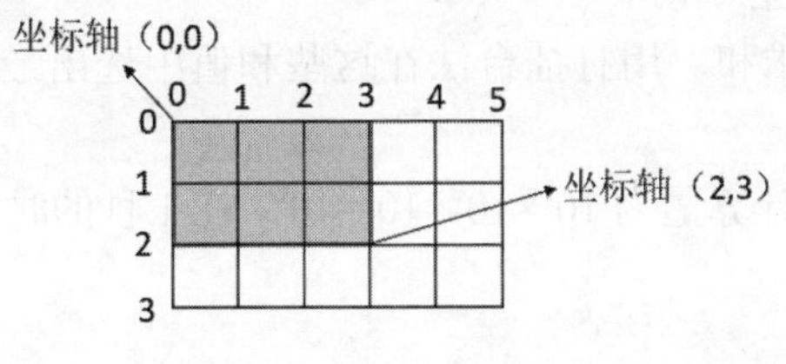

图 6.4　3×5 棋盘

2. 实现条件分析

实现条件分析如下：

（1）时间条件：题目条件 n、m（n≤5000，m≤5000），在双重循环中，计算量为 10^7，在 1 秒的时间限制内，此枚举方法可行。

（2）计数器取值条件：为了估算两个计数器取值是否超出 int，可以拿正方形计数器 s1 在 n==m 的情况下做快速估算，根据算法，此时正方形计数器 $s1=1^2+2^2+\cdots+n^2$，而当 n=2500 时 s1 值就大于无符号整数的最大值了，而长方形累加器 s2 的取值会更大，所以 s1、s2、n、m 数据类型要定义为 long long int。

3. 算法优化

以上解题思路是纯暴力枚举，计算量为 10^7，虽然在 1 秒的时间限制内，但比较危险。更优的解题方法为用相关数学知识归纳推导求解公式，降低枚举量，可从 2 重循环降至 1 重循环，请读者自行完成。

例题 6.4：最大子段和。

【题目描述】（洛谷平台）

老师要求小民完成一道经典的枚举算法题：给出一个长度为 n 的整型序列 a_i 值（1≤i≤n），求出该序列中连续且非空的一个和最大的子段，并输出该和值。

【输入格式】

第一行，整数 n，1≤n≤100，表示序列的长度。

第二行，n 个整数，第 i 个整数表示序列的第 i 个数字 a_i。

【输出格式】

一行，1 个整数，表示该序列的最大子段和。

【输入/输出样例】

样例	输入	输出
1	7 2 -4 3 -1 2 -4 3	4

【说明/提示】

样例 1 说明：该系列的[3,5]子段的数据和值最大，即{3,-1,2}，其和为 4。

【算法设计与实现】

1. 枚举算法分析

（1）枚举每一子段的起点和终点；

（2）对每一子段进行求和，用打擂台法在这些和值中选出最大值。

2. 实现条件分析

时间条件：三重循环的计算量为 $10^2 \times 10^2 \times 10^2 = 10^6$，在 1 秒的时间限制内，此枚举方法可行。算法如下：

```
int main()
{
    输入 n 及 a[0..n-1];
    max=最小值;
    for(i=0;i<=n-1;i++) //枚举子段起点
        for(j=i;j<=n-1;j++) //枚举子段终点
        {
            sum=0;
            for(k=i;k<=j;k++) sum+=a[k];          //求子段和
            if(sum>max) max=sum;                  //求最大子段和
        }
    输出 max;
}
```

6.3 项目实践

实践 6.1：涂旗子。

【题目描述】（洛谷平台）

小民参加一个涂色比赛，要求只要一个由 n×m 个小方块组成的画符合如下规则，就是符合要求的画：

（1）最上方若干行（至少一行）的格子全部是白色的；

（2）接下来若干行（至少一行）的格子全部是蓝色的；

（3）剩下的行（至少一行）全部是红色的。

现有一个棋盘状的布，分成了 n 行 m 列的格子，每个格子是白色蓝色红色之一，小民希望把这个布改成符合要求的画，方法是在一些格子上涂颜料，盖住之前的颜色。小民很懒，希望涂最少的格子使这块布成为一幅符合要求的画。

【输入格式】

第一行，2 个整数 n、m。

接下来是 n×m 的矩阵，矩阵的每一个小方块是 W（白）、B（蓝）、R（红）中的一个。

【输出格式】

一行，1 个整数，表示至少需要涂多少块。

【输入/输出样例】

样例	输入	输出
1	4 5 WRWRW BWRWB WRWRW RWBWR	11

【说明/提示】

对于全部测试数据，n、m≤50。

【算法分析】

根据题意（图 6.5），只要枚举白与蓝、蓝与红的边界，再统计 a、b 每种枚举情况下，3 个区域里总共有多少格子需要涂改颜色，然后比较记录得出最优的答案（即需要涂改的格子数最少）。

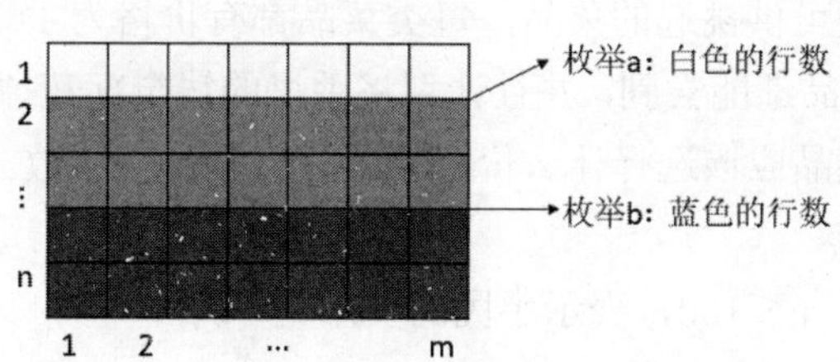

图 6.5 涂色比赛

实践 6.2：火柴棒等式。

【题目描述】（NOIP 2008 年提高组）

给出 n 根火柴棍，可以拼出多少个形如“A+B=C”的等式？等式中的 A、B、C 是用火柴棍拼出的整数（若该数非零，则最高位不能是 0）。用火柴棍拼数字 0～9 的方法如图 6.6 所示。

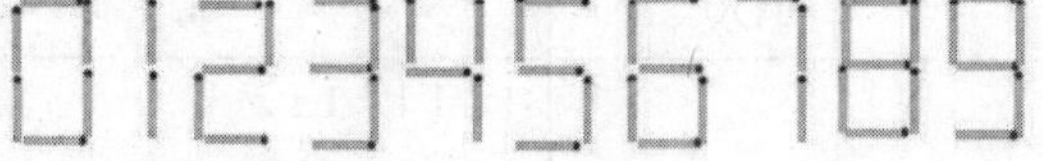

图 6.6 火柴棍拼数字

要求：

（1）加号与等号各自需要两根火柴棍；

（2）如果 A≠B，则 A+B=C 与 B+A=C 视为不同的等式（A、B、C≥0）；

（3）n 根火柴棍必须全部用上。

【输入格式】

一行，1 个整数 n，n≤24，表示火柴棍总数。

【输出格式】

一行，1 个整数，表示能拼成的不同等式的数目。

【输入/输出样例】

样例	输入	输出
1	14	2

【说明/提示】

样例 1 说明：2 个等式为 0+1=1 和 1+0=1。

【算法分析】

根据题意，枚举 A 和 B 的值，计算出 C，然后判定 A、B、C、加号及等号一共需要的火柴棍数是否等于 n，如果相等则计数器加 1 就可以了。需要确定 A、B 的枚举范围，由于 n≤24，而 1111+1=1112 已经用了 25 根小棒，所以可得 A、B 的枚举范围应该为 0～1111，用 2 层循环枚举就可以求解。

实践 6.3：小民与美食。

【题目描述】

学校饭堂里共有八类可供挑选的菜品，每类菜品都有价格为 1～5 元的菜。小民现在手上有 n 元钱，他希望每类菜品都能尝到，并且计划将手里的钱全部花掉。请你帮小民列出符合要求的取菜方案（即每类菜品应该选择什么价格的菜）以及方案总数。

【输入格式】

一行，1 个正整数 n，n≤100，表示小民的费用。

【输出格式】

（1）方案总数=0，输出 0；

（2）1≤方案总数≤5，按字典序排列输出所有搭配方案，最后一行输出方案总数；

（3）方案总数>5，按字典序排列输出前 5 种搭配方案，最后一行输出方案总数；

注意：每行用空格隔开，依次输出 8 种菜品的取菜价格，表示 1 种取菜方案。

【输入/输出样例】

样例	输入	输出
1	9	1 1 1 1 1 1 1 2 1 1 1 1 1 1 2 1 1 1 1 1 1 2 1 1 1 1 1 1 2 1 1 1 1 1 1 2 1 1 1 1 8

【算法分析】

根据题意，枚举每类菜品的取值，取值范围是 1～5；一共有 8 种菜品，所以用 8 层循环枚举就可以求解。计算量为 5^8，在 1 秒的时间限制内，所以该算法方案可行。

实践 6.4：海盗比酒量。

【题目描述】（蓝桥杯 2012 年省赛）

有一群海盗（不多于 20 人），在船上比拼酒量。过程如下：打开一瓶酒，所有在场的人平分喝下，有几个人倒下了；再打开一瓶酒平分，又有倒下的人；再次重复……直到开了第 4 瓶酒，坐着的人已经所剩无几，海盗船长也在其中。当第 4 瓶酒平分喝下后，大家都倒下了。等船长醒来，发现海盗船搁浅了。他在航海日志中写到："昨天，我正好喝了一瓶酒，奉劝大家，开船不喝酒，喝酒别开船。"请小民根据这些信息，编程推断一开始在船上有多少人，每一轮喝下来后还剩多少人。

【输出格式】

如果有多个可能的答案，请列出所有答案，每个答案占一行。

格式：人数，人数，……

例如：有一种可能是 20，5，4，2，0

【算法分析】

根据题意，枚举喝第 1、2、3、4 瓶酒的人数，可用 4 层循环实现。喝第 1 瓶酒人数 n1 的取值范围为 5～20；喝第 2 瓶酒人数 n2 的取值范围为 4～n1-1；喝第 3 瓶酒人数 n3 的取值范围为 3～n2-1；喝第 4 瓶酒人数 n4 的取值范围为 2～n3-1。计算量在 1 秒的时间限制内，所以该算法方案可行。

实践 6.5：小民与狼人杀。

【题目描述】

小民和他的小伙伴们在玩狼人杀，场上只剩下了四个人，现在到了紧张刺激的发言投票阶段。

玩家 A 发言："我不是狼人。"

玩家 B 发言："C 是狼人。"

玩家 C 发言："狼人肯定是 D。"

玩家 D 发言："C 是在冤枉好人。"

为了增加参与感，法官破例下场给了提示："四个玩家之中有三个人说的是真话，一个人说的是假话。"你能帮助小民分析出谁是狼人吗？

【输出格式】

一行，1 个字符（A～D），表示狼人的编号。

【算法分析】

用变量 x 存放狼人的编号，x 枚举范围为'A'～'D'，四个人所说的话就可以表示成如下四个判定条件：

A 说的话：x!='A';

B 说的话：x=='C';

C 说的话：x =='D';

D 说的话：x!= 'D'。

这四个条件的判定值相加等于 3，此时 x 的枚举值就是问题的解。

实践 6.6：小民与运动会。

【题目描述】

学校举办运动会，小民班级中 A、B、C、D、E 五名同学有可能参加学校运动会，请你帮助小民根据下列条件判断这五名同学当中，哪些人参加了运动会：

（1）A 参加时，B 也参加；

（2）B 和 C 至多有一个人参加；

（3）C 和 D 或者都参加，或者都不参加；

（4）D 和 E 中至少有一个人参加；

（5）如果 E 参加，那么 A 和 D 也都参加。

【输出格式】

一行，5 个整数（用空格隔开，0 表示不参加，1 表示参加），依次表示 A～E 同学是否参加运动会。

【算法分析】

用变量 A、B、C、D、E 存放 5 个同学的参加状态，0 表示不参加，1 表示参加，所以枚举范围为 0～1。用 5 层循环实现，计算量为 2^5，明显在 1 秒的时间限制内，所以该算法方案可行。5 个判定条件转化为以下表达式：

（1）A 参加时，B 也参加→!A||B。

A	0	0	1	1
B	0	1	0	1
结果	T	T	F	T

（2）B 和 C 至多有一个人参加→B+C<=1。

B	0	0	1	1
C	0	1	0	1
结果	T	T	T	F

（3）C 和 D 或者都参加，或者都不参加→C+D!=1。

C	0	0	1	1
D	0	1	0	1
结果	T	F	F	T

（4）D 和 E 中至少有一个人参加→D+E>0。

D	0	0	1	1
E	0	1	0	1
结果	F	T	T	T

（5）如果 E 参加，那么 A 和 D 也都参加→!E||(A+D==2)。

E	0	0	0	0	1	1	1	1
A	0	0	1	1	0	0	1	1
D	0	1	0	1	0	1	0	1
结果	T	T	T	T	F	F	F	T

第7章 排序算法

学习目标

1. 了解各种常见的排序算法及其时间复杂度;
2. 理解常见的排序算法思想及适用场景;
3. 掌握常见的排序算法的程序实现;
4. 能够分析较复杂的应用问题，并设计基于常见排序算法的解决方案，养成自主学习和探究的习惯。

7.1 内容要点

排序是将一系列数据按照某个或某些关键字的大小进行有序（递增/递减）排列的操作。排序算法就是如何利用计算实现排序操作的方法。随着数据日益激增，排序算法在各个领域都有着相当重要的应用，在各种应用场景下有着不尽相同的需求和约束。因此，需要设计人员根据具体情况进行演算和分析，构思出满足实际需求且性能优越的算法。

常见排序算法根据基本算法思维（比较/非比较）一般可以分为以下两大类。

（1）比较类排序：比较指的是需要通过比较元素的大小来决定它们之间的相对次序。这类算法具有非线性的运行时间，时间复杂度不能突破 $O(n\times\log_2 n)$。

（2）非比较类排序：非比较指的是不必通过比较元素的大小来决定它们之间的相对次序。这类算法具有线性的运行时间，可以突破基于比较类排序算法的时间复杂度下界，具有线性时间复杂度。

常见排序算法分类如图 7.1 所示。

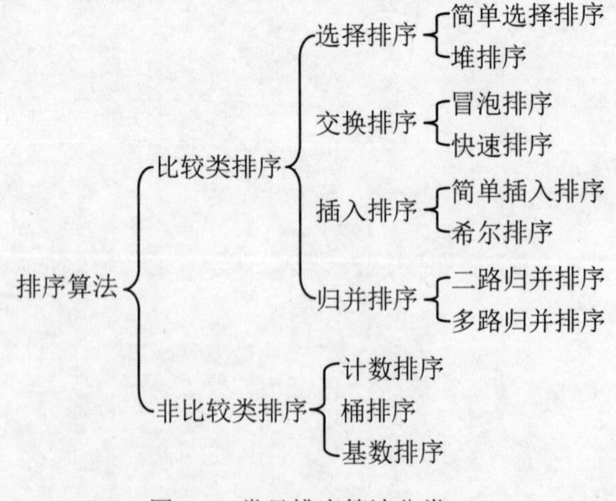

图 7.1 常见排序算法分类

常见的排序算法在实现思路上各具特点，因此在时间复杂度、空间复杂度和稳定性上的表现也有所不同。表 7.1 列出了 10 个常见排序算法的时空复杂度和稳定性。

表 7.1 10 个常见排序算法的时空复杂度和稳定性

排序方法	时间复杂度（平均）	时间复杂度（最差）	时间复杂度（最好）	空间复杂度	稳定性
简单选择排序	$O(n^2)$	$O(n^2)$	$O(n^2)$	O(1)	不稳定
冒泡排序	$O(n^2)$	$O(n^2)$	O(n)	O(1)	稳定
简单插入排序	$O(n^2)$	$O(n^2)$	O(n)	O(1)	稳定
堆排序	$O(n\times\log_2 n)$	$O(n\times\log_2 n)$	$O(n\times\log_2 n)$	O(1)	不稳定
快速排序	$O(n\times\log_2 n)$	$O(n^2)$	$O(n\times\log_2 n)$	$O(n\times\log_2 n)$	不稳定
希尔排序	$O(n^{1.3})$	$O(n^2)$	O(n)	O(1)	不稳定
归并排序	$O(n\times\log_2 n)$	$O(n\times\log_2 n)$	$O(n\times\log_2 n)$	O(n)	稳定
计数排序	O(n+k)	O(n+k)	O(n+k)	O(n+k)	稳定
桶排序	O(n+k)	$O(n^2)$	O(n)	O(n+k)	稳定
基数排序	O(n×k)	O(n×k)	O(n×k)	O(n+k)	稳定

说明：

（1）时间复杂度：是对算法执行基本操作的次数的度量，是反映数据规模变化时所需执行操作次数呈现的规律的估算。

（2）空间复杂度：是对算法在执行过程中所占用的存储空间的度量，是对数据规模及算法执行所需存储容量的估算。

（3）稳定性：原来 a 在 b 前面，且 a=b，如果排序后 a 仍然在 b 的前面，则称该排序算法是“稳定”的；如果排序后 a 可能会在 b 的后面，则称该排序算法是“不稳定”的。

【学习建议】

本章考虑到不同读者的阅读需求存在较大差异，内容会从较为抽象的算法介绍到更为具象的程序实现。在阅读过程中，不必完整读完某个算法的全部讲解内容后才开始动手实践；而应根据自己的实际情况，在阅读某些部分并理解相关算法思想后便可以开展实践。在实践中遇到问题或按理解完成实践后，再返回来完成剩余部分的阅读并对比自己的实现方法，这样能更好地磨炼自己的程序设计思维和编程能力。

7.2 案例分析

本节选取了表 7.1 中的部分算法进行介绍，未涉及的其他算法请读者自行查阅相关资料进行学习。

例题 7.1：简单选择排序。

简单选择排序也称为选择排序（Selection Sort）是一种较为简单而且直观的排序算法。

该算法的基本思路：把序列分为前、后两个部分（前面为已排序部分，后面为未排序部分），初始状态时，已排序部分有 0 个元素。首先从未排序序列部分找到最小/最大元素（升序/

降序)，放到已排序部分作为此序列的起始位置；接下来，再从剩余未排序元素中继续寻找最小/最大元素，然后放到已排序序列的末尾（即未排序部分中最靠近已排序序列的位置上）；重复执行上述处理过程，直至完成该数列的未排序序列最后 2 个数据的处理（换言之，整个序列的所有元素都放到已排序序列中）。

1. 简单选择排序基本步骤

待排序数组 a[1]～a[n]中保存了 n 个数据后，将 a[1]～a[n]中的数据按从小到大的顺序（升序）进行排列。初始状态：已排序部分为空（没有元素），未排序部分为 a[1]～a[n]。

第 1 趟：

（1）从 a[1]～a[n]（未排序部分）中找到最小元素的存储位置（假设为 a[k]）；

（2）将 a[k]和未排序序列部分的第 1 个位置（当前为 a[1]）中的数据进行交换。

此时，已排序序列部分只有 a[1]，未排序部分为 a[2]～a[n]。

第 2 趟：

（1）从 a[2]～a[n]（未排序部分）中找到最小元素的存储位置（假设为 a[k]）；

（2）将 a[k]和已排序序列部分之后的第 1 个位置（当前为 a[2]）中的数据进行交换。

此时，a[1]<a[2]，已排序序列部分为 a[1]～a[2]（升序），未排序部分为 a[3]～a[n]。

第 i 趟：

参照上述 2 趟的方法进行迭代。

第 n-1 趟：

（1）从 a[n-1]～a[n]（未排序部分）中找到最小元素的存储位置（假设为 a[k]）；

（2）将 a[k]和已排序序列部分之后的第 1 个位置（当前为 a[n-1]）中的数据进行交换。

第 n-1 趟结束后，已排序序列部分为 a[1]～a[n]，没有未排序序列部分。

2. 简单选择排序算法 N-S 图

简单选择排序算法 N-S 图如图 7.2 所示。

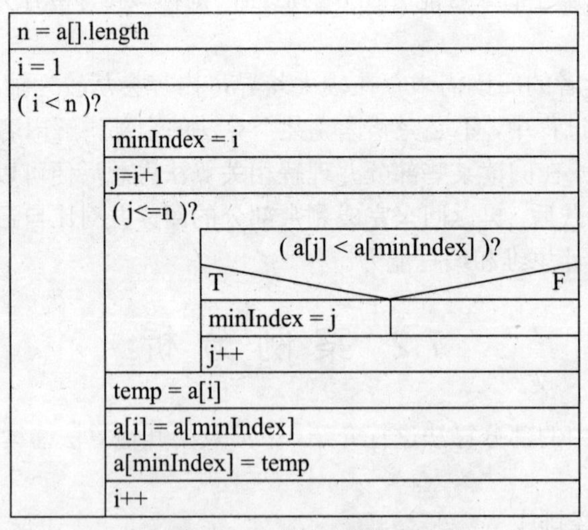

图 7.2 简单选择排序算法 N-S 图

检验排序算法主函数如下：

```
int SelectionSort(int a[],int n)
```

```
{    //按 N-S 图编写代码    }
int main()
{
    输入 n;
    for( i=1; i<=n; i++){输入 a[i];}    //输入待排序数组
    SelectionSort(a,n);    //数组排序
    for( i=1; i<=n; i++){输出 a[i];}    //输出已排序数组
}
```

3. 简单选择排序实例

【输入/输出样例】

样例	输入	输出
1	5 9 6 3 10 1	1 3 6 9 10

【样例分析】

第 1 趟：

```
==================================================================
i = 1, j = 2: Renew minIndex, minIndex = 2, minValue = 6;
------------------------------------------------------------------
i = 1, j = 3: Renew minIndex, minIndex = 3, minValue = 3;
------------------------------------------------------------------
i = 1, j = 4:
------------------------------------------------------------------
i = 1, j = 5: Renew minIndex, minIndex = 5, minValue = 1;
------------------------------------------------------------------
After 1st round: 1 6 3 10 9
==================================================================
```

第 2 趟：

```
==================================================================
i = 2, j = 3: Renew minIndex, minIndex = 3, minValue = 3;
------------------------------------------------------------------
i = 2, j = 4:
------------------------------------------------------------------
i = 2, j = 5:
------------------------------------------------------------------
After 2nd round: 1 3 6 10 9
==================================================================
```

第 3 趟：

```
==================================================================
i = 3, j = 4:
------------------------------------------------------------------
i = 3, j = 5:
------------------------------------------------------------------
After 3th round: 1 3 6 10 9
==================================================================
```

第 4 趟：

```
================================================================
i = 4, j = 5: Renew minIndex, minIndex = 5, minValue = 9;
----------------------------------------------------------------
After 4th round: 1 3 6 9 10
================================================================
```

例题 7.2：冒泡排序。

冒泡排序（Bubble Sort）也是一种较为简单的排序算法，是必须掌握的排序算法基础。

该算法的基本思路：通过遍历多趟数列的未排序部分，并对相邻的数据两两进行比较，如果先后次序不符合排序要求，就将两个数据的位置进行交换。每趟遍历及处理后，原先未排序部分的最大/最小元素（升序/降序）被排到靠近已排序部分的一端（也可以理解为该数据被排到了已排序部分的恰当位置上）。重复上述遍历及处理操作，直至某趟遍历未排序部分只剩最后 2 个数据被处理完毕（结束条件优化：或者某趟遍历过程中不再出现数据交换，则表示之前认为未排序部分已经是有序的）。至此，在整个数列的排序已经全部完成。在整个排序过程中，较小（或较大）的数据会慢慢向数列的某端移动，犹如“气泡”朝着“顶部”“上浮”，故得名“冒泡排序”。

1. 冒泡排序基本步骤

待排序数组 a[1]～a[n]中保存了 n 个数据后，将 a[1]～a[n]中的数据按从小到大的顺序（升序）进行排序。初始状态：已排序部分为空（没有元素），未排序部分为 a[1]～a[n]。

第 1 趟：

（1）处理 a[1]和 a[2]，如果 a[1]> a[2]，则将 a[1]和 a[2]内保存的数据进行交换；

（2）参照第（1）步的规则，处理 a[2]和 a[3]；

（3）重复上述处理，直到 a[n-1]和 a[n]被处理完毕。

此时，a[n]保存了 a[1]～a[n]中最大的数据。已排序序列部分为 a[n]，未排序序列部分为 a[1]～a[n-1]。

第 2 趟：

（1）参照第 1 趟第（1）步，处理 a[1]和 a[2]；

（2）重复上述处理，直到 a[n-2]和 a[n-1]被处理完毕。

此时，a[n-1]保存了 a[1]～a[n-1]中最大的数据，并且 a[n-1]<a[n]。已排序序列部分为 a[n-1]～a[n]，未排序序列部分为 a[1]～a[n-2]。

第 i 趟：参照上述第 2 趟的方法进行迭代。

第 n-1 趟：完成 a[1]和 a[2]的处理。

此时，整个序列中的全部元素已经全部按升序排列，整个“冒泡排序”完成。

2. 冒泡排序算法 N-S 图

冒泡排序算法 N-S 图如图 7.3 所示。

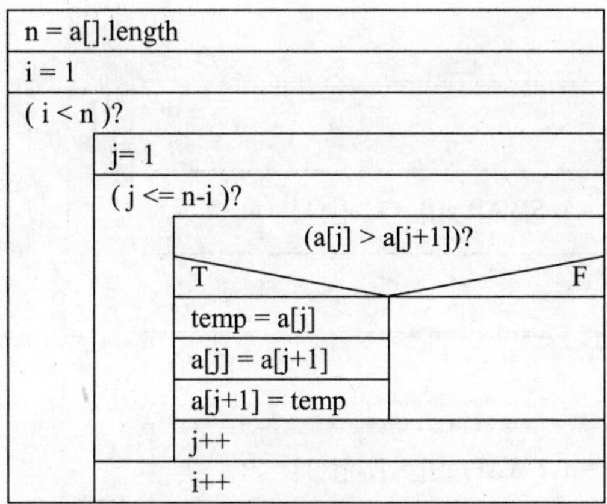

图 7.3 冒泡排序算法 N-S 图

3. 冒泡排序实例

【输入/输出样例】

样例	输入	输出
1	5 9 6 3 10 1	1 3 6 9 10

【样例分析】

第 1 趟：

```
==================================================
i = 1, j = 1: a[j] = 9, a[j+1] = 6, SWAP, a[j] = 6, a[j+1] = 9;
--------------------------------------------------
i = 1, j = 2: a[j] = 9, a[j+1] = 3, SWAP, a[j] = 3, a[j+1] = 9;
--------------------------------------------------
i = 1, j = 3: a[j] = 9, a[j+1] = 10,
--------------------------------------------------
i = 1, j = 4: a[j] = 10, a[j+1] = 1, SWAP, a[j] = 1, a[j+1] = 10;
--------------------------------------------------
After 1st round: 6 3 9 1 10
==================================================
```

第 2 趟：

```
==================================================
i = 2, j = 1: a[j] = 6, a[j+1] = 3, SWAP, a[j] = 3, a[j+1] = 6;
--------------------------------------------------
i = 2, j = 2: a[j] = 6, a[j+1] = 9,
--------------------------------------------------
i = 2, j = 3: a[j] = 9, a[j+1] = 1, SWAP, a[j] = 1, a[j+1] = 9;
--------------------------------------------------
After 2nd round: 3 6 1 9 10
==================================================
```

第 3 趟：

```
===========================================================================
i = 3, j = 1: a[j] = 3, a[j+1] = 6,
---------------------------------------------------------------------------
i = 3, j = 2: a[j] = 6, a[j+1] = 1, SWAP, a[j] = 1, a[j+1] = 6;
---------------------------------------------------------------------------
After 3th round: 3 1 6 9 10
===========================================================================
```

第 4 趟：

```
===========================================================================
i = 4, j = 1: a[j] = 3, a[j+1] = 1, SWAP, a[j] = 1, a[j+1] = 3;
---------------------------------------------------------------------------
After 4th round: 1 3 6 9 10
===========================================================================
```

例题 7.3：简单插入排序。

简单插入排序（Insertion Sort）也称为直接插入排序，是一种简单直观的排序算法。

该算法的基本思想：把序列分为前、后两个部分，前面为已排序序列部分，后面为未排序序列部分，初始状态时，已排序部分只有 1 个元素（这样的序列必然是有序的），然后从未排序部分取出第 1 个数据元素，在已排序序列中从后向前扫描，找到适合该数据元素的位置并插入；以此方法不断地重新构建有序序列，直至未排序序列部分没有数据元素为止。

1. 简单插入排序基本步骤

待排序数组 a[1]～a[n]中保存了 n 个数据后，将 a[1]～a[n]中的数据按从小到大的顺序（升序）进行排列。初始状态：已排序序列部分只有 a[1]；未排序序列部分为 a[2]～a[n]。

第 1 趟：

（1）将未排序序列部分的第 1 个元素 a[2]与已排序序列部分的最后 1 个元素 a[1]进行比较。

1）如果 a[2]≥a[1]，则本趟结束；

2）否则，交换 a[2]和 a[1]内的数据。

（2）因为 a[1]前面没有其他元素，所以本趟结束。

此时，已排序序列部分为 a[1]～a[2]，未排序序列部分为 a[3]～a[n]。

第 2 趟：

（1）将未排序序列部分的第 1 个元素 a[3]与已排序序列部分的最后 1 个元素 a[2]进行比较。

1）如果 a[3]≥a[2]，则本趟结束；

2）否则，交换 a[3]和 a[2]内的数据。

（2）a[2]与 a[1]进行比较，处理逻辑与第（1）步相同。

此时，已排序序列部分为 a[1]～a[3]，未排序序列部分为 a[4]～a[n]。

第 i 趟：

在含有 i 个记录的有序序列 a[1…i]中插入一个记录 a[i+1]，插入后变成含有 i+1 个记录的有序序列[1…i+1]。

第 n-1 趟：

（1）将未排序序列部分的第 1 个元素 a[n]与已排序序列部分的最后 1 个元素 a[n-1]进行比较。

1）如果 a[n]≥a[n-1]，本趟结束；

2）否则，交换 a[n-1]和 a[n]内的数据。

（2）将 a[n-1]与 a[n-2]，…，a[2]与 a[1]进行比较，所有的比较处理逻辑与第（1）步相同。

进行 n-1 趟排序后，整个序列中的全部元素已经全部按升序排列，排序完成。

2. 简单插入排序算法 N-S 图

简单插入排序算法 N-S 图如图 7.4 所示。

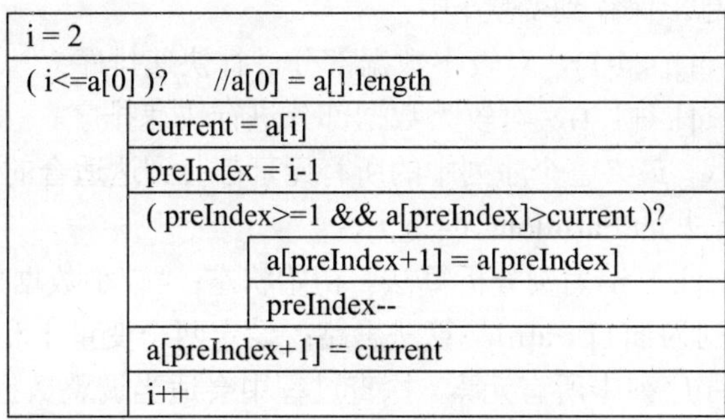

图 7.4　简单插入排序算法 N-S 图

3. 简单插入排序实例

【输入/输出样例】

样例	输入	输出
1	5 9 6 3 10 1	1 3 6 9 10

【样例分析】

```
================================================
After 1st round: {6 9} 3 10 1
================================================
After 2nd round: {3 6 9} 10 1
================================================
After 3th round: {3 6 9 10} 1
================================================
After 4th round: {1 3 6 9 10}
================================================
```

例题 7.4：快速排序。

快速排序（Quick Sort）属于比较排序中的交换排序，可视为“冒泡排序”的一种改进。该算法采用分治法思想，时间复杂度为 $O(n\times\log_2 n)$。

该算法的基本思路：通过一趟排序处理在待排序序列中定一个“基准”（pivot，也称“基数”或“枢轴”）并最终将其放到适合的位置上，从而实现将该序列分隔成两个独立的部分；其中一个部分（为方便后面的讲解，先称之为“较小数据部分”）的所有数据比另一个部分（相应称之为“较大数据部分”）的任何一个数据都小。接下来对两个部分按这样的方法继续进行迭代，直至整个序列有序。

1. 快速排序基本步骤

（1）使用递归的方式来定义主函数 QuickSort(a[], s, t)。

主函数参数说明：a[]表示存放待排序数据的数组；s 表示待排序数据开始位置；t 表示待排序数据结束位置。

如果 s<t（注意递归出口）：

1）调用 Partition()函数，返回开始在 s 位置上的数据作为基准完成数据分隔任务之后，该数据最后所在的位置信息，保存到变量 i 中；

2）调用 QuickSort(a[], s, i-1)，对较小数据部分进行快速排序；

3）调用 QuickSort(a[], i+1, t)，对较大数据部分进行快速排序。

通过上述方法的迭代，最终整个序列中的所有元素都会到达适合的位置上，整个排序结束。

（2）定义的排序算法 int Partition(a[], s, t)。

以第 1 趟 Partition(a[], 1, n)为例分析算法。初始状态：“较小数据部分”为空，“较大数据部分”为空，待排序序列为 a[1]～a[n]。算法思路：设定两个变量 i 和 j，利用 i 从头向后，j 从后向前探查整个待排序序列中所有元素。探查过程中会适当调整数据的存储位置，使得调整后从 s 到 i-1 为“较小数据”部分，从 j+1 到 t 为“较大数据”部分。具体算法如下：

1）从数列中挑出一个元素（为简化常直接使用第 1 个元素，例如此处选择 a[1]），赋值给变量 pivot 作为“基准”；接下来就需要找到“基准”在序列中的合适位置。

2）初始化 i 为 s（此时，i=s=1，指向 a[1]），初始化 j 为 t（此时，j=t=n，指向 a[n]）；利用 i 从头向后，j 从后向前探查待排序整个序列中所有元素。

3）当 i 不等于 j（表示尚未探查完所有元素）时：

- 当 i<j 且 j 指向的元素 a[j]≥pivot 时，j 不断向前移动（j--），寻找第 1 个比 pivot 小的数据；
- a[i]=a[j]，因为 a[j]<pivot，应该将 a[j]里面的数据保存到“较小数据部分”去；
- 当 i<j 且 i 指向的元素 a[i]≤pivot 时，i 不断向后移动（i++），寻找第 1 个比 pivot 大的数据；
- a[j]=a[i]，因为 a[j]>pivot，应该将 a[i]里面的数据保存到“较大数据部分”去。

4）参照第 3）步，迭代执行，i 和 j 会不断靠近，直至两个值相等；此时说明已经探查完所有元素。

5）将“基准”保存到合适的位置上，a[i]=pivot。

6）返回 pivot 最后所在位置。

2. 快速排序算法 N-S 图

快速排序算法中各算法的 N-S 图如图 7.5 和图 7.6 所示。

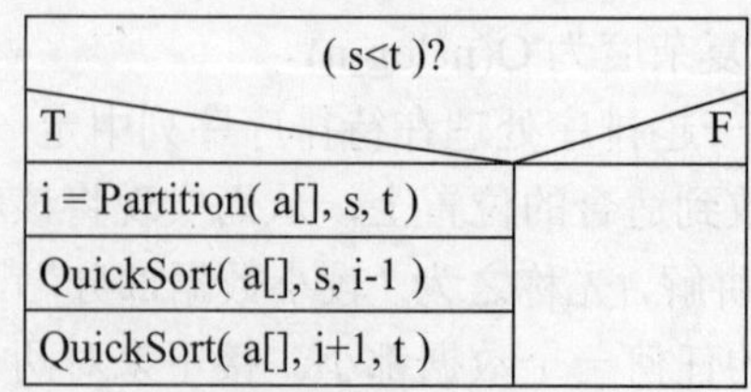

图 7.5 快速排序算法——QuickSort()算法 N-S 图

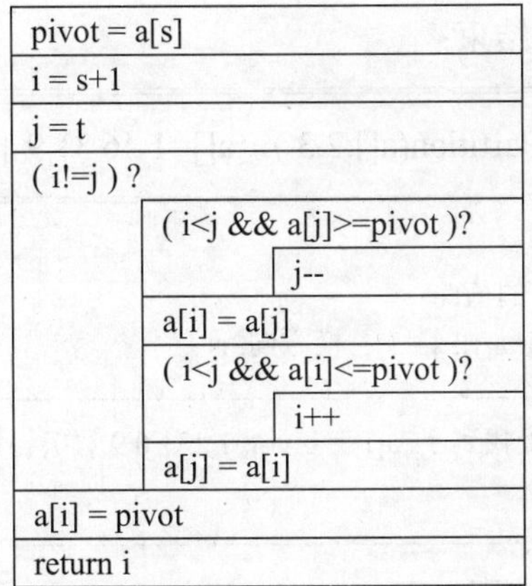

图 7.6　快速排序算法——Partition()算法 N-S 图

3．快速排序实例

【输入/输出样例】

样例	输入	输出
1	5 9 6 3 10 1	1 3 6 9 10

【样例分析】

（1）QuickSort(a[],1,5)=>Partition(a[],1,5)，a[]={9 6 3 10 1}，执行过程如下：

```
==================================================================
pivot=9:
从后往前，找第一个小于 pivot 的值；
i=1, j=5; a[j]<pivot，找到了,a[i] = a[j]; {1 6 3 10 1}；换方向, i++;
------------------------------------------------------------------
从前往后，找第一个大于 pivot 的值；
i=2, j=5; a[i]<pivot; {1 6 3 10 1}, i++;
i=3, j=5; a[i]<pivot; {1 6 3 10 1}, i++;
i=4, j=5; a[i]>pivot，找到了, a[j] = a[i]; {1 6 3 10 10}；换方向, j--;
------------------------------------------------------------------
i=4, j=4; i==j，适合 pivot 的位置找到了, a[i] = pivot; {1 6 3 } 9 {10};
return 4
==================================================================
```

（2）QuickSort(a[],1,3)=>Partition(a[],1,3), a[]={1 6 3} 9 {10}，执行过程如下：

```
==================================================================
pivot=1:
从后往前，找第一个小于 pivot 的值；
i=1, j=3; a[j]>pivot; {1 6 3 } , j--;
i=1, j=2; a[j]>pivot;{1 6 3}, j--;
i=1, j=1;   i==j，适合 pivot 的位置找到了, a[i] = pivot; 1 {6 3} 9 {10};
return 1
==================================================================
```

（3）QuickSort(a[],1,0) =>结束；

```
============================================================
```

（4）QuickSort(a[],2,3)=>Partition(a[],2,3)，a[]=1 {6 3} 9 {10}，执行过程如下：

```
============================================================
pivot=6:
从后往前, 找第一个小于 pivot 的值;
i=2, j=3; a[j]<pivot, 找到了, a[i]=a[j]; {3 3}; 换方向, i++;
------------------------------------------------------------
i=3, j=3; i==j, 适合 pivot 的位置找到了, a[i] = pivot; 1 {3} 6 9 {10};
return 3
============================================================
```

（5）QuickSort(a[],2,2)=>结束；

```
============================================================
```

（6）QuickSort(a[],4,3)=>结束；

```
============================================================
```

（7）QuickSort(a[],5,5)=>结束。

```
============================================================
```

例题 7.5：二路归并排序。

归并排序（MergeSort）是将两个或两个以上的有序序列合并成为一个有序序列的排序方法。二路归并排序是归并排序中的一种，较为简单和常用。

该算法的基本思路：首先，把包含 n 个数据的待排序序列看成 n 个容量为 1 的有序序列；然后，两两进行归并，得到⌈n/2⌉（向上取整）个容量为 2 或 1 的有序序列；接下来，继续迭代执行对有序序列两两的归并；直到最终合并成为 1 个容量为 n 的有序序列为止。

1. 二路归并排序基本步骤

待排序数组 a[1]～a[n]中保存了 n 个数据后，将 a[1]～a[n]中的数据按从小到大的顺序（升序）进行排列。整个过程包括“二分”和“归并”两个环节：“二分”的目标是将整个待排序序列通过“一分为二”的方法进行迭代，直至划分成为容量为 1 个数据的序列（此时，各个序列显然有序）；“归并”的目标是将刚才 “二分”出的两个小部分按指定顺序（升序/降序）合并成一个大的有序序列，迭代地执行，直至最终合并成为一个完整的有序序列。

二分步骤：

（1）如果 n 不等于 1，将待排序序列 a[1...n]用 mid 均分成两部分，⌊mid=(n+1)/2⌋（向下取整），假设 mid=k，第 1 部分为 a[1...k]，第 2 部分为 a[k+1...n]（注意递归出口）。

（2）将 a[1...k]均分成两个部分，参照（1）中的方法递归执行。

（3）将 a[k+1...n]均分成两个部分，参照（1）中的方法递归执行。

（4）调用“归并”函数，合并 a[1...k]和[k+1...n]。

归并步骤：假设要对 a[s...k]和 a[k+1...t]进行归并，利用数组 b[]暂存。

（1）定义 i 来定位 a[s...k]序列当前访问位置，初始值为 s。

（2）定义 j 来定位 a[k+1...t]序列当前访问位置，初始值为 k+1。

（3）定义 k 来定位 b[ ]序列当前访问位置，初始值为 1。

（4）比较 a[i]和 a[j]的大小：

1）如果 a[i]≤a[j]，将 a[i]内的数据存入 b[k]，将 i 后移、k 后移；

2）否则（a[i]>a[j]），将 a[j]内的数据存入 b[k]，将 j 后移、k 后移。

（5）当 i≤mid 且 j≤t 时，重复第（4）步。

（6）将 a[i...k]中的数据添加到 b[]后部。

（7）将 a[j...t]中的数据添加到 b[]后部。

（8）将 b[]中的数据填回到 a[s...t]中。

2. 二路归并排序算法 N-S 图

二路归并排序算法中的各算法的 N-S 图如图 7.7 和 7.8 所示。

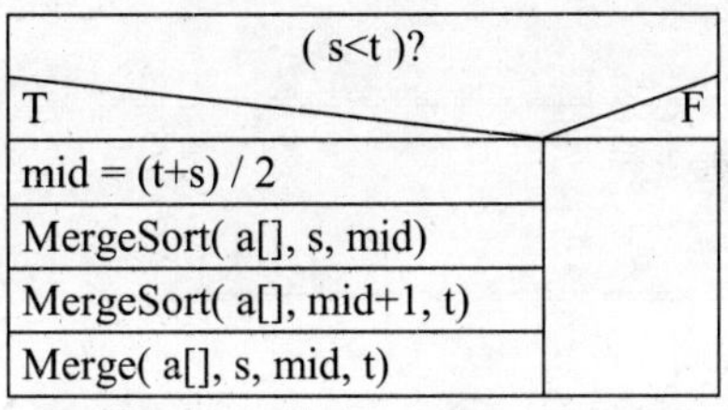

图 7.7　二路归并排序算法——MergeSort()算法 N-S 图

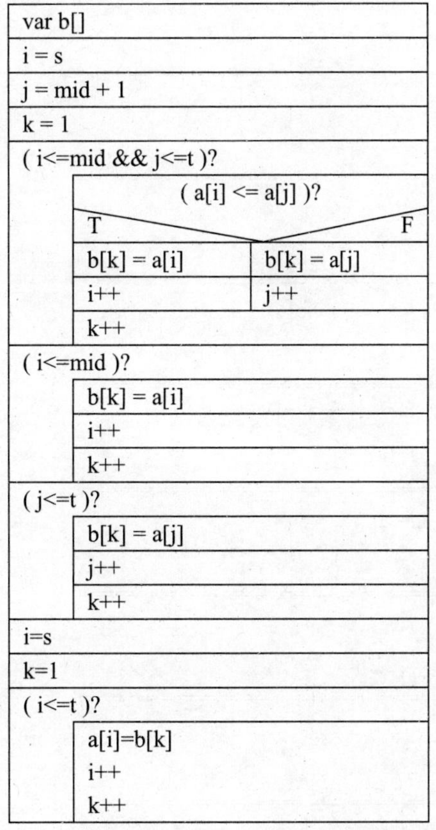

图 7.8　二路归并排序算法——Merge()算法 N-S 图

3. 二路归并排序实例

【输入/输出样例】

样例	输入	输出
1	5 9 6 3 10 1	1 3 6 9 10

【样例分析】

未排序序列用“[”和“]”括起来，已排序序列用“{”和“}”括起来。

```
==================================================
二分：MergeSort( a[], 1, 5), mid=3;
[ 9 6 3 ] [ 10 1 ]
==================================================
二分：MergeSort( a[], 1, 3), mid=2;
[ 9 6 ] [ 3 ] [ 10 1 ]
==================================================
二分：MergeSort( a[], 1, 2), mid=1;
[ 9 ] [ 6 ] [ 3 ] [ 10 1 ]
==================================================
二分：MergeSort( a[], 1, 1);
{ 9 } [ 6 ] [ 3 ] [ 10 1 ]
==================================================
二分：MergeSort( a[], 2, 2);
{ 9 } { 6 } [ 3 ] [ 10 1 ]
==================================================
归并：Merge( a[], 1, 1, 2);
{ 6 9 } [ 3 ] [ 10 1 ]
==================================================
二分：MergeSort( a[], 3, 3);
{ 9   6 } { 3 } [ 10 1 ]
==================================================
归并：Merge( a[], 1, 2, 3);
{ 3 6 9 } [ 10 1 ]
==================================================
二分：MergeSort( a[], 4, 5), mid=4;
{ 3 6 9 } [ 10 ] [ 1 ]
==================================================
二分：MergeSort( a[], 4, 4);
{ 3 6 9 } { 10 } [ 1 ]
==================================================
二分：MergeSort( a[], 5, 5);
{ 3 6 9 } { 10 } { 1 }
==================================================
归并：Merge( a[], 4, 4, 5);
{ 3 6 9 } { 1 10 }
==================================================
归并：Merge( a[], 1, 3, 5);
{ 1 3 6 9 10 }
==================================================
```

例题 7.6：计数排序。

计数排序（Counting Sort）是一种非比较排序算法，于 1954 年由哈罗德 •H •苏沃德（Harold H. Seward）提出。该算法不进行对排序数据的比较，而是利用数组下标确定元素的正确位置，主要适用于对一定范围内的整数排序，其时间复杂度为 O(n+k)（k 是相应的整数取值范围）。在有限的取值范围下（k 不是特别大），其排序速度优于任何比较排序算法。

该算法的基本思路：首先定义 3 个数组，“原数组”rawDatas[]，用来保存所有待排数据；“计数数组”counters[]，为原数组取值范围内每个可能出现的数值分配 1 个计数器；“结果数组”result[]，用于保存排序后的有序序列。需要注意的是，建立“原数组”与“计数数组”之间的映射，使得每一个可能出现的值唯一对应一个计数器。为了方便理解，此处将做些简化。假设“原数组”中的数据为整数，且取值范围为大于等于 0 且小于等于 m；定义一个“计数数组”容量为 m+1 且所有元素初值为 0；此时，“原数组”取值范围内每一个可能的值与“计数数组”的下标形成映射关系，唯一对应其中的一个计数器（例如：k 对应 counters[k]）；并且下标的次序（升序/降序）与数据的次序（升序/降序）一致。接下来，遍历“原数组”，遇到的每个值都为其对应的计数器“加 1”。最后，遍历“计数数组”，遇到计数器的值 counters[k]=n，且 n>0 时，将 n 个下标 k 添加到“结果数组”中。

注意：待排序序列中有数据重复出现 n 次，有序序列中也相应地重复 n 次保存该数据。

1．计数排序基本步骤

（1）对待排序数据的取值范围新建一个计数器数组，所有计数器的初始值为 0。

（2）对待排序序列中所有元素进行遍历，访问到某个数据时，与之对应的计数器就加 1。

（3）按升序（或降序）遍历计数器数组；每当遇到计数器值大于 0 的情况，就将其下标添加到结果数组中，并且计数器减 1，直到计数器的值不大于 0 为止；根据这样的方法将计数器数组中的所有计数器处理完毕。这样得到的结果数组就是待排序序列对应的有序序列。

2．计数排序算法 N-S 图

计数排序算法 N-S 图如图 7.9 所示。

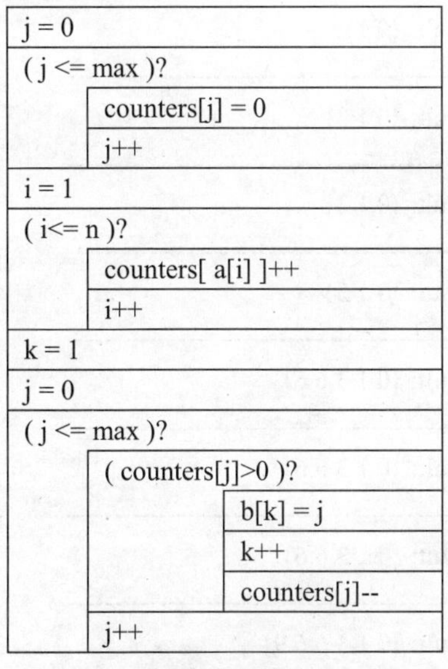

图 7.9　计数排序算法 N-S 图

3. 计数排序实例

【输入/输出样例】

样例	输入	输出	备注
1	6 9 6 3 0 6 1	0 1 3 6 6 9	待排序数组元素的数值取值范围：0≤a[i]≤9

【样例分析】

```
a[]: 9 6 3 0 6 1
counters[]: 0 0 0 0 0 0 0 0 0 0
==========================================================
分配：i =1: a[1] = 9, counters[]: 0 0 0 0 0 0 0 0 0 1
--------------------------------------------------------------------------
分配：i =2: a[2] = 6, counters[]: 0 0 0 0 0 0 1 0 0 1
--------------------------------------------------------------------------
分配：i =3: a[3] = 3, counters[]: 0 0 0 1 0 0 1 0 0 1
--------------------------------------------------------------------------
分配：i =4: a[4] = 0, counters[]: 1 0 0 1 0 0 1 0 0 1
--------------------------------------------------------------------------
分配：i =5: a[5] = 6, counters[]: 1 0 0 1 0 0 2 0 0 1
--------------------------------------------------------------------------
分配：i =6: a[6] = 1, counters[]: 1 1 0 1 0 0 2 0 0 1
==========================================================
收集：j = 0: counters[0] = 1, result: {0}
--------------------------------------------------------------------------
收集：j = 1: counters[1] = 1, result: {0 1}
--------------------------------------------------------------------------
收集：j = 2: counters[2] = 0, result: {0 1}
--------------------------------------------------------------------------
收集：j = 3: counters[3] = 1, result: {0 1 3}
--------------------------------------------------------------------------
收集：j = 4: counters[4] = 0, result: {0 1 3}
--------------------------------------------------------------------------
收集：j = 5: counters[5] = 0, result: {0 1 3}
--------------------------------------------------------------------------
收集：j = 6: counters[6] = 2, result: {0 1 3 6 6}
--------------------------------------------------------------------------
收集：j = 7: counters[7] = 0, result: {0 1 3 6 6}
--------------------------------------------------------------------------
收集：j = 8: counters[8] = 0, result: {0 1 3 6 6}
--------------------------------------------------------------------------
收集：j = 9: counters[9] = 1, result: {0 1 3 6 6 9}
==========================================================
```

7.3　项目实践

实践 7.1：求数列第 k 大数。

【题目描述】

小民学习了排序算法，于是他想借助这些算法编程完成以下任务：从输入的 n 个不相等的正整数中查找出第 k 大的数。

【输入格式】

第一行，1 个正整数 n。

第二行，n 个正整数，用空格隔开。

第三行，1 个正整数 k，表示待查找的第几大的数，1≤k<=n。

【输出格式】

一行，输出 1 个正整数，表示第 k 大的数。

【输入/输出样例】

样例	输入	输出
1	6 12 3 22 16 36 72 3	16

【算法分析】

解题方法一：先对所有元素进行 k-1 轮遍历，每轮遍历找出最大的数并将其删除；然后进行第 k 轮遍历，取出最大的数即为所求，该方法的时间复杂度为 $O(k\times n)$。

实现步骤：

（1）定义一个整型数组 a[]，利用 a[1]～a[n]保存 n 个整数（a[0]不用）。

（2）从头开始遍历数组 a[]，找出其中最大的值，用 maxNumId 记录下该值所在位置。

（3）判断执行：

1）如果未执行到第 k 轮，删除 a[maxNumId]（此处使用 a[maxNumId]=0 实现）；

2）否则，输出 a[maxNumId]。

（4）重复第（2）～（3）步 k 轮。

解题方法一的算法 N-S 图如图 7.10 所示。

解题方法二：先对数组所有元素进行降序（从大到小）排序，然后取出第 k 个的数即为所求。该方法的时间复杂度取决于所使用的排序算法的时间复杂度，简单排序算法时间复杂为 $O(n^2)$，先进排序算法时间复杂度为 $O(n\times \log_2 n)$。

解题方法三：可以通过改写冒泡排序或简单选择排序算法来实现，排序进行到第 k 轮后即可结束，以冒泡排序为例，参照图 7.11。该方法的时间复杂度为 $O(k\times n)$。

【学习建议】

除上述的解题方法外，读者可以尝试从本章讲解的排序算法中找到时间复杂度更优的解题思路，然后付诸实践完成求解。

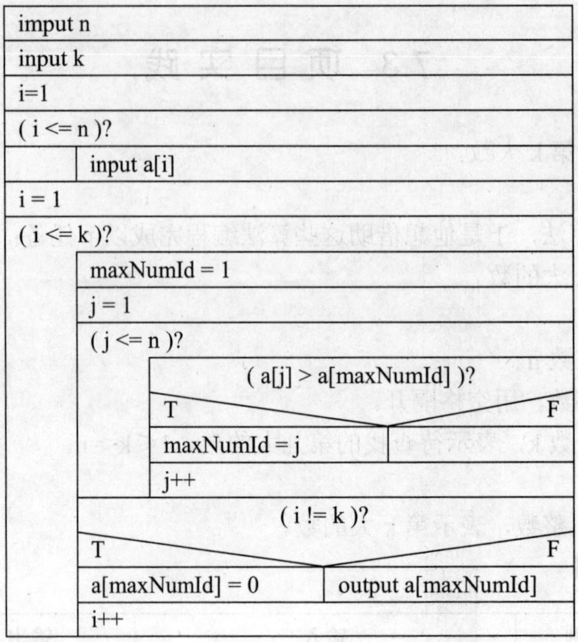

```
imput n
input k
i=1
( i <= n )?
    input a[i]
i = 1
( i <= k )?
    maxNumId = 1
    j = 1
    ( j <= n )?
        ( a[j] > a[maxNumId] )?
        T                          F
        maxNumId = j
        j++
    ( i != k )?
    T                              F
    a[maxNumId] = 0        output a[maxNumId]
    i++
```

图 7.10　解题方法一的算法 N-S 图

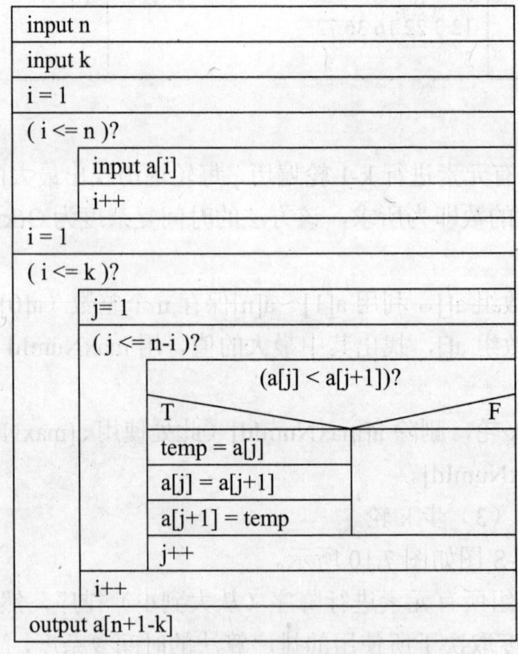

图 7.11　改写冒泡排序算法 N-S 图

实践 7.2：排队游戏。

【题目描述】

小民和同学们参加排队游戏。游戏的规则是小民是指挥官，其他每位同学的背后被贴上了一个整数作为编号，随后并排排成一行并且不许相互交流。小民可以走到每位同学背后看他们的编号，但是他只能指挥让相邻的两位同学交换位置。知道初始的编号顺序后，请你帮小民计算，他最少需要进行多少次指挥交换位置就能将同学们完成按编号升序排列。

【输入格式】

第一行，1 个整数，表示排队的总人数 n，n≤10000。

第二行，n 个不同的整数，表示初始的排队顺序。

【输出格式】

一行，1 个整数，排序需要最少的交换位置次数。

【输入/输出样例】

样例	输入	输出
1	5 5 4 3 2 1	10

【算法分析】

冒泡排序就是通过比较及交换相邻两个数来实现排序的，符合本题排序要求，所以应用冒泡排序可实现该问题求解。

实践 7.3：抽查作业。

【题目描述】

学期末，小民接到一个协助老师抽查全院学生平时作业完成情况的任务。他会拿到老师用计算机随机生成的 n 个整数（2≤n≤100），每个整数取值范围为[1, 1000]，该整数正好对应学生学号。小民的任务：首先，如果其中出现重复的数据，只需保留一个；然后，将这些整数升序（从小到大）排序，按该顺序通知被抽查到的学生。请你编程协助小民完成上述的“去重”及“排序”工作。

【输入格式】

第一行，1 个正整数，表示所生成的随机数的个数 n。

第二行，用空格分隔的 n 个正整数，表示所产生的随机数。

【输出格式】

第一行，1 个正整数 m，表示不相同的随机数的个数。

第二行，用空格隔开的 m 个正整数，表示从小到大排序后的各个随机数。

【输入/输出样例】

样例	输入	输出
1	10 999 56 82 23 19 4 67 56 23 300	8 4 19 23 56 67 82 300 999

【算法分析】

本题是计数排序的应用。开一个容量为 1001 的一维数组 count[]进行计数（0 号数组元素不用）。每个数组元素初始化为 0，表示等于该下标的随机整数没有出现。遍历一遍待排序数组，将每个随机整数为下标的数组元素+1（表示等于该下标的随机整数出现次数）。对原有算法进行如下修改：升序（或降序）遍历 count[]数组中的所有元素，当其值大于等于 1（表示该元素出现过）时，输出且只输出一次该数组元素的下标，如此便可以实现“去重”；升序（或降序）遍历数组下标 1～1000 的元素，其结果显然是“有序”的。也可以看成桶排序（变形），设置 1000 个桶来分装数据即可。

实践 7.4：选拔赛排名。

【题目描述】

小民想通过选拔赛加入学校程序设计竞赛实验班，他了解到选拔赛规则如下：每位选手具有参与度积分、积分赛积分、现场赛积分 3 项成绩，然后按一定的排序规则来排位，最后排位前 5 名的学生入选实验班。第一排序规则为总分从高到低排序；第二排序规则为如果两位选手的总积分相同，再按现场赛积分从高到低排序；第三排序规则为如果两位选手的总积分和现场赛积分都相同，则按参赛编号从低到高排序。排序完成后，每位选手的排位都是唯一确定的。

【输入格式】

第一行，1 个正整数 n，5≤n≤300，表示该校参加评选的学生人数。

接下来的 n 行，每行有 3 个用空格隔开的数字，每个数字值都在 0～100 之间。

说明：第 k 行的 3 个数字依次表示参赛编号为 k-1 选手的参与度积分、积分赛积分和现场赛积分。每个选手的参赛编号即为输入顺序编号 1～n（正好是输入数据的行号减 1）。所给的数据都是正确的，不必检验。

【输出格式】

共五行，每行是两个用空格隔开的正整数，依次表示前 5 名选手参赛编号和总分。

【输入/输出样例】

样例	输入	输出
1	6 90 67 80 87 66 91 78 89 91 88 99 77 67 89 64 78 89 98	6 265 4 264 3 258 2 244 1 237
2	8 80 89 89 88 98 78 90 67 80 87 66 91 78 89 91 88 99 77 67 89 64 78 89 98	8 265 2 264 6 264 1 258 5 258

【算法分析】

（1）定义结构体数组，分别存储 n 个学生的编号、参与度积分、积分赛积分、现场赛积分、总分 5 项信息。

（2）多关键字排序：第一关键字为总分，降序排序；第二关键字为现场赛积分，降序排序；第三关键字为编号排序，升序排序。

解题方法一：因为学生的编号就是数据的输入顺序，所以记录数组一开始就是按编号升序排好的，可以直接用一种稳定的排序方法按现场赛积分降序排一次序（为了保证现场赛积分相同时编号按升序排列，一定要选择稳定的排序方法），然后再用稳定的排序算法按总分降序排一次序（为了保证总分相同时现场赛积分按降序排列，一定要选择稳定的排序方法），这样就完成了题目的排序要求。

解题方法二：对于多个字段排序问题，还可以使用 STL❶中的 sort 函数对 cmp 函数进行重写。建议初学者使用解题方法一解题后，再实践本方法。

实践 7.5：数字接龙。

【题目描述】

暑假，小民和弟弟一起玩数字接龙游戏。将 n 个正整数 A_1，…，A_n 以任意次序排列首尾连接，拼接成一个新的整数，接龙而成的整数更大者获胜。请你帮助小民编写一个程序构造出最大的整数。

【输入格式】

第一行，有 1 个整数，表示数字个数 n。

第二行，有 n 个整数，表示给出的 n 个整数 A_i。

【输出格式】

一行，1 个正整数，表示拼接的最大整数。

【输入/输出样例】

样例	输入	输出
1	3 13 312 343	34331213
2	4 7 13 4 246	7424613

【说明/提示】

对于全部测试数据，保证 $2 \leqslant n \leqslant 20$，$1 \leqslant A_i \leqslant 1000$。

【算法分析】

（1）将整型数组 a[n]的元素转换成数字字符串数组 s[n]；

❶ 标准模板库（Standard Template Library，STL）是 C++标准库的一部分。

（2）选择比较类排序方法对数字字符串数组 s[n]进行降序排序，但串 a 与串 b 比较交换的条件不是简单的串比较（串 a<串 b），而是串拼接后的比较，如（串 a+串 b）<（串 b+串 a），否则结果就不正确。

例如：a="300 "，b="30"。分析如下：

1）直接串比较：因为"300">"30"，所以串 a、串 b 不交换，得到{"300","30"}的排序结果，对应的整型数值为 30030。

2）串拼接后比较：因为"30030"<"30300"，所以串 a、串 b 交换，得到{"30","300"}的排序结果，对应的整型数值为 30300。

显然第 2 种比较才会得到正确答案。

（3）扩展知识：可使用 STL 中的 sort 函数对 cmp 函数进行重写。

第8章　指　　针

学习目标

1. 理解和掌握指针变量的定义、初始化方法及指针的算术运算；

2. 掌握通过指针操作一维数组、结构体数组的方法，会使用指针数组解决多个字符串处理的有关问题；

3. 掌握使用指针作为函数参数来实现两数交换、数组排序、求数组最大值和最小值；

4. 掌握函数指针的定义和使用方法，会使用函数指针来优化排序函数的设计和实现；

5. 掌握存储空间动态申请函数 malloc()和释放函数 free()的使用，并会使用它们实现动态数组的应用；

6. 能够根据具体问题进行分析，并使用指针对算法和程序进行优化设计，提高程序的时间效率和空间效率；在克服困难中，养成坚韧不拔的工匠精神。

8.1　内 容 要 点

函数与指针是 C 语言提供的两大武器。函数使得 C 语言支持模块化程序设计，指针使得 C 语言相比其他高级语言能显著提高程序的运行效率。通过指针变量可以方便地操作数组、字符串、结构体、函数及动态数组等。指针类型既可以作为函数的形参类型，也可以作为函数的返回值类型。联合使用指针和结构体这两种数据类型可以有效表示许多复杂的数据结构，例如链表、队列、栈、树、图等。

8.1.1　指针变量的定义及初始化

指针变量是一种特殊类型的变量，它只能存放相同基类型变量的地址，然后可以使用指针运算符*来间接访问指针变量所指向的变量。例如：

```
int a,*p;     //定义了一个整型指针变量 p，此处的*表示变量 p 的类型是指针类型
p=&a;         //对指针变量 p 进行初始化，使它指向变量 a
*p=10;        //*p 表示 p 所指向的变量的内容，所以此处*p=10 等价于 a=10
```

8.1.2　指针与一维数组

通过指针可以方便地操作数组。只需要将数组名保存在指针变量中，即可方便地通过指针移动来访问数组中的任意元素，如图 8.1 所示。例如：

```
int *p;
int a[8];
p=a;          /*数组名 a 存放到指针变量 p 中，因数组名代表数组的首地址，即数组第一个元素的地址，
              所以此时 p 指向数组 a 的第一个元素 a[0]。此处“p=a;”语句等价“p=&a[0];”语句*/
```

```
p+=2;      //改变 p 的指向，让其指向第三个数组元素 a[2];
*p=8;      //修改 p 指针所指向的数组元素 a[2]的值，使其等于 8。此处"*p=8;" 等价于"a[2]=8";
```

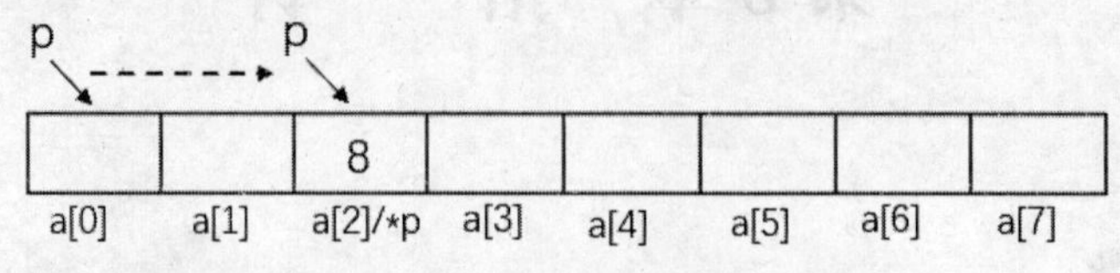

图 8.1　指针与一维数组关系

8.1.3　指针与结构体

通过指针可以方便地访问结构体变量的数据成员，如图 8.2 所示。例如：

```
struct student
{
    char name[20];
    int no ;     //学号 no 也可定义成字符数组类型或 string 类型
};
struct student stu1;
struct student *p=&stu1;
//定义了一个 struct student 类型的结构体指针变量 p，并让 p 指向了结构体变量 stu1
stu1.no=9901;    //修改结构体变量 stu1 的学号为 9901
(*p).no=9901;    //功能同上，注意(*p).no 不能写为*p.no
p->no=9901;      //功能同上
```

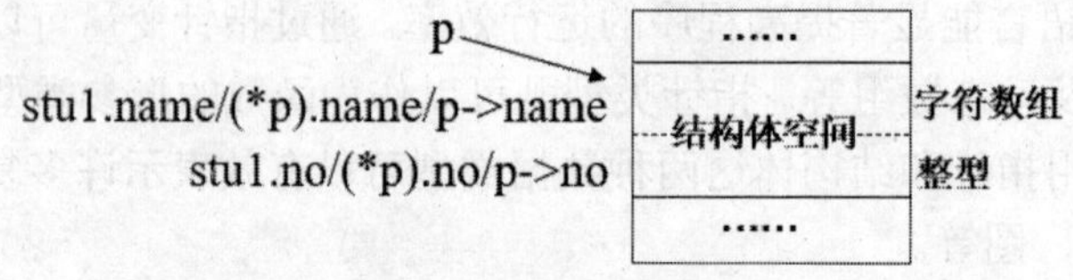

图 8.2　指针与结构体的关系

8.1.4　指针数组

指针数组的每一个元素都是指针变量，且这些指针变量都指向相同数据类型的变量。指针数组通常用来构造一个字符串数组。

例如：

```
char str1[5][10]={ "Pascal", "Basic", "Fortran", "Java", "Visual C" };
char *str2[5]={ "Pascal", "Basic", "Fortran", "Java", "Visual C" };
```

第 1 行代码定义一个二维字符数组 str1，并进行了初始化。第 2 行代码定义了一个字符类型的指针数组 str2，每个数组元素都是一个字符类型的指针变量，其中 str2[0]是该指针数组的第 1 个元素，它是一个字符指针变量，它现在指向第 1 个字符串"Pascal"的第 1 个字符'P'。二维数组与指针数组关系如图 8.3 所示。

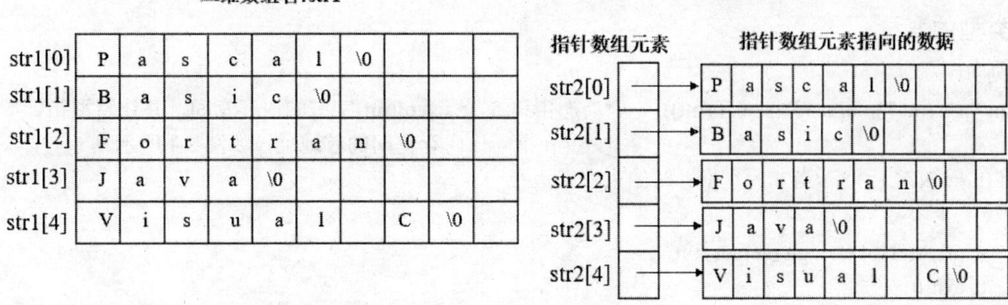

图 8.3　二维数组与指针数组关系

8.1.5　函数指针

函数指针可以用来存放函数的入口地址，当采用函数指针作为某个函数的形参，并且采用函数名作为该函数的实参时，可以用统一的调用格式来调用功能不同的函数。函数指针经常被用来作为通用排序函数的形参，从而实现在一个函数内既可以升序排序也可以降序排序，只需要将不同的函数名作为实参即可。

例如：

```
double Fun(float x)       //函数有一个 float 类型的形参变量，函数的返回值是 double 类型
{
    return (x*x-2);
}
double (*fp)(float);      //定义了一个函数指针变量 fp，即 fp 的数据类型是一个指向函数的指针变量
fp=Fun;                   //将函数 Fun()在内存中的起始地址赋值给函数指针变量 fp，从而使 fp 指向 Fun()
double y=Fun(1.5);        //直接调用函数 Fun()，将其调用结果赋值给变量 y
double y=(*fp)(1.5);      /*通过函数指针变量 fp 来间接调用其所指向的函数 Fun()，将其调用结果赋值给
                            变量 y。本行代码和上一行代码的作用相同*/
```

8.1.6　动态数组

在实际项目开发中，数组的大小在定义时不能准确估计，如果数组定义过大则浪费空间，过小则不能存放所有数据。此时可以通过 C 语言提供的动态内存分配函数 malloc()来实现动态数组的定义功能。动态数组使用结束后，记得要使用 free()函数将所占用的内存空间释放。动态内存分配和释放函数是在头文件<stdlib.h>中声明的，在使用之前要先包含该头文件。

1．malloc()函数原型及功能

```
void* malloc(unsigned int size);
```

向系统申请大小为 size 的内存块，返回首地址。如果申请不成功，则返回 NULL。

2．calloc()函数原型及功能

```
void* calloc(unsigned int num , unsigned int size);
```

向系统申请 num 个 size 大小的内存块，返回首地址。如果申请不成功，则返回 NULL。

3．free 函数原型及功能

```
void free(void* p);
```

释放由 malloc()和 calloc()申请的内存块。p 是指向此块的指针，void*类型的指针可以指向任意类型的变量。

例如：

```
int *p = (int *)malloc(5* sizeof (int));    /*动态申请 5 个 sizeof(int)字节的内存空间，并让整型指针
                                              变量 p 指向该内存空间的首地址，如图 8.4 所示*/
if (p == NULL)    //当 p 为空指针时结束程序运行
{
    printf("Not enough memory!\n");
    exit(0);
}
for (int i=0; i<5; i++)    //输入 5 个整数到指针 p 所指向的动态数组空间
{
    scanf("%d", p + i);
}
```

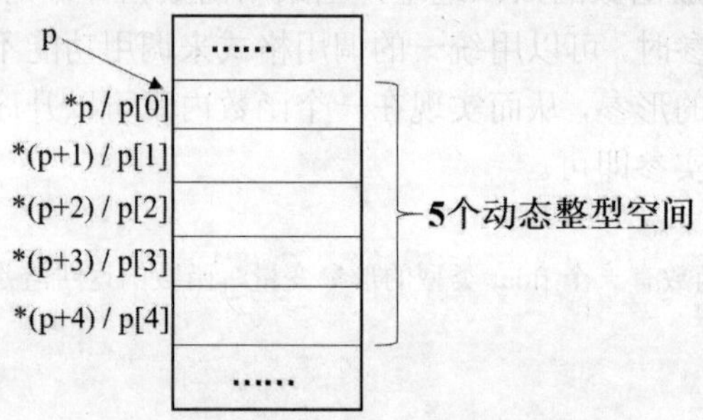

图 8.4 动态数组内存空间示意图

8.2 案例分析

例题 8.1：两数交换函数。

【题目描述】

定义两数交换函数，函数用指针变量作为参数。在主函数中输入两个整数，然后调用该函数实现两数交换，最后输出交换后的数据。

【输入格式】

一行，2 个正整数 n 和 m，n≤10000，m≤10000。

【输出格式】

一行，2 个正整数，分别表示交换后的数据。

【输入/输出样例】

样例	输入	输出
1	26 83	83 26

【算法设计与实现】

1. 定义子函数

自定义函数 Swap()，用指针变量 x 和 y 作为函数参数，在函数体中实现交换*x 和*y。

```
void Swap(int *x, int *y) //函数功能：交换整型指针 x 和 y 指向的两个整型数的值
{
    定义中间变量 temp;
    通过三条赋值语句实现*x 与*y 的交换;
}
```

2. 主函数调用子函数

在 main()函数中输入数据，用&a 和&b 作为函数实参来调用函数 Swap()，从而实现 a 和 b 两数交换，最后输出 a 和 b。

```
int main()
{
    输入变量 a 和 b;
    Swap(&a, &b);   //用 a 和 b 的地址值作函数实参，调用 Swap()实现 a 与 b 的值互换
    输出互换后的 a,b 值;
}
```

例题 8.2：求最高成绩函数。

【题目描述】

小民班级的学生人数为 n，学习委员求助小民完成以下任务：输入班级 n 个学生的学号和综测成绩，要求用函数编程实现输出全班最高成绩及其学号。

【输入格式】

第一行，1 个正整数 n，2≤n≤60，表示学生人数。

接下来的 n 行，每行 2 个整数，表示每个学生的学号和综测成绩，学号范围为 1～9999，成绩范围为 0～100。

【输出格式】

一行，2 个正整数，分别表示最高分和对应的学号。如果最高分相同，则输出最先出现的最高分和对应的学号。

【输入/输出样例】

样例	输入	输出
1	3 1101 85 1102 95 1103 90	95 1102
2	3 1101 81 1105 85 1106 85	85 1105

【算法设计与实现】

本题可以将指针变量作为自定义函数 FindMax()的函数形参，将 main()函数中存放最高分和学号的变量的地址作为实参来调用 FindMax()函数。在函数 FindMax()中用指针变量来间接修改最高分变量和学号变量的值，最后在 main()函数中输出最高分和学号。

1. 定义子函数

```
//函数功能：计算整型数组 score 中存储的 n 个学生成绩的最高分及其对应的学号
//指针变量 pMaxScore，指向存储最高分的整型变量
//指针变量 pMaxNum，指向存储最高分所对应学号的整型变量
void FindMax(int score[], int num[], int n, int *pMaxScore, int *pMaxNum)
{
    *pMaxScore=score[0];        //假设 score[0]为当前最高分
    *pMaxNum=num[0];            //记录 score[0]的学号 num[0]
    for (i=1; i<n; i++){ }      //使用打擂台法循环求出最高分和对应的学号
}
```

2. 主函数调用子函数

```
int main()
{
    定义成绩数组 score 和存放最高分的变量 maxScore;
    定义学生人数变量和循环变量;
    定义学号数组 num 和存放最高分对应学生的学号变量 maxNum;
    输入学生人数;
    循环输入各个学生的学号和成绩;
    FindMax(score, num, n, &maxScore, &maxNum);   //调用函数 FindMax 计算最高分和学号
    输出最高分 maxScore 和对应的学号 maxNum;
}
```

例题 8.3：字符串拷贝函数。

【题目描述】

老师要求小民自定义字符串复制函数 MyStrcpy()，实现库函数 strcpy 的功能。main()函数输入一个字符串 b，通过调用函数 MyStrcpy(a,b)，将字符串 b 的内容复制到字符串 a 中，并输出字符串 a。

【输入格式】

一行，字符串 b，字符串长度不超过 80。

【输出格式】

一行，字符串 a，表示复制到的字符串。

【输入/输出样例】

样例	输入	输出
1	I love China	I love China

【算法设计与实现】

自定义字符串拷贝函数 MyStrcpy()，定义两个字符指针变量 a 和 b 作为函数的形参，用两个数组名作为函数的实参。函数体中循环将字符指针变量 b 指向的字符逐个复制到字符指针变

量 a 指向的内存区域，直到字符指针 b 指向的字符是字符串结束标志符。在循环结束后再单独给指针 a 指向的内存区域赋值字符串结束标志符。

```
void MyStrcpy(char *dstStr, const char *srcStr)
//读者思考：此处第二个形参为什么要加上 const
{
    while (*srcStr != '\0')   //循环直到 srcStr 所指字符是字符串结束标志
    {
        复制当前指针所指向的字符;
        使 srcStr 指向下一个字符;
        使 dstStr 指向下一个存储单元;
    }
    在字符串 dstStr 的末尾添加字符串结束标志;
}
```

例题 8.4：通用排序函数

【题目描述】

小民班级的学生人数为 n，班长求助小民完成以下任务：从键盘输入班级 n 个学生综测成绩，自定义一个通用排序函数，该函数既能实现学生成绩升序排序，也能实现学生成绩降序排序。

【输入格式】

第一行数据，1 个正整数 n，2≤n≤60，表示学生人数。

接下来 n 行数据，每行一个空格隔开的正整数 num 及 score，分别表示学生的学号和综测成绩，其中 1≤num≤100000，0≤score ≤100。

最后一行，1 个正整数 choice，表示排序方式是按成绩升序还是按成绩降序，choice=1 表示按成绩升序排序，choice=2 表示按成绩降序排序，如果有成绩相同的，则要求按学号和成绩的输入先后顺序排列。

【输出格式】

n 行数据，每行 2 个正整数，分别表示排序后学生的学号和综测成绩。

【输入/输出样例】

样例	输入	输出
1	5 99011 84 99012 86 99014 90 99015 88 99016 67 2	99014 90 99015 88 99012 86 99011 84 99016 67
2	3 99011 84 99012 86 99014 84 1	99011 84 99014 84 99012 86

【算法设计与实现】

本题是函数指针作为函数参数的应用。首先学生的学号和成绩分别用两个一维数组存放，然后可以选择任一种稳定的排序算法（以冒泡排序为例）实现按成绩排序，排序函数的形参采用函数指针，根据实参采用的函数名不同，从而来实现按成绩升序排序或降序排序。

1. 定义函数原型与主函数

```
void BubbleSort (int score[], long num[], int n, int (*compare)(int a, int b));
int Ascending(int a, int b);
int Descending(int a, int b);
int main()
{
    输入学生人数 n 及 n 个学生的学号和成绩;
    输入用户的排序选择 choice; // choice 值为 1 表示升序排序，值为 2 表示降序排序
    if (choice == 1) {
        BubbleSort (score, num, n, Descending);
        //读者思考：函数指针指向 Descending()，冒泡排序反而实现升序排序
    }
    else {
        BubbleSort (score, num, n, Ascending);
        //读者思考：函数指针指向 Ascending()，冒泡排序反而实现降序排序
    }
    打印排序结果;
}
```

2. 定义冒泡排序函数

```
//冒泡排序，通过调用函数指针 compare 指向的函数决定按成绩升序还是降序排序
void BubbleSort (int score[], long num[], int n,    int (*compare)(int a, int b))
{
    for(i=0;i<n-1;i++)
    for(j=0;j<n-i-1;j++)
    if((*compare)(score[j], score[j+1]))
    // 若 score[j]>score[j+1]实现交换，则 compare 指向 Descending()，实现升序排序
    // 若 score[j]<score[j+1]实现交换，则 compare 指向 Ascending ()，实现降序排序
    {
        score[j]和 score[j+1]交换;
        num[j]和 num[j+1]交换;
    }
}

//使数据按升序排序
int Ascending(int a, int b)
{
    return a<b;    //返回 a<b 比较的结果
}

//使数据按降序排序
int Descending(int a, int b)
{
    return a>b;    //返回 a>b 比较的结果
}
```

例题 8.5：动态数组的应用。

【题目描述】

小民班级的学生人数为 n，班长又求助小民完成以下任务：输入班级 n 个学生的综测成绩，要求用动态数组来存放学生综测成绩，计算并输出班级综测成绩平均分。

【输入格式】

第一行，1 个正整数 n，2≤n≤60，表示学生人数。

第二行，n 个整数，表示 n 个学生的综测成绩，成绩位于[0,100]区间。

【输出格式】

一行，1 个实数，表示学生综测成绩的平均分，输出的平均成绩保留两位小数。

【输入/输出样例】

样例	输入	输出
1	2 81 82	81.50

【算法设计与实现】

用动态内存分配函数 malloc()来申请 n 个 int 型的内存空间，然后将指针 p 指向该空间的首地址，输入 n 个学生的成绩存放到该动态数组中，再将动态数组中存放的学生成绩逐个累加到求和变量 sum 中，最后求平均值并输出。

```
int main()
{
    int *p = NULL, n, i, sum;
    输入学生人数 n;
    p = (int *)malloc(n * sizeof (int));   //申请 n 个 sizeof(int)字节的内存空间
    if (p == NULL)   //当 p 为空指针时结束程序运行
    {
        printf("Not enough memory!\n");
        exit(0);
    }
    for (i=0; i<n; i++){ scanf("%d",p + i); } //输入 n 个学生的成绩
    累加和变量 sum 初始化为 0;
    循环累加计算总分 sum;
    输出平均分;       //要求小数点后面保留两位
    free(p);          //调用 free 函数来释放用 malloc()申请的动态内存空间
}
```

8.3 项 目 实 践

实践 8.1：求数组最大值和最小值。

【题目描述】

小民接到一个简单的编程任务：求整数数组的最大值和最小值并输出。要求自定义一个函数求整型数组的最大值和最小值，然后在 main()函数调用这个函数实现求解。

【输入格式】

第一行，整数个数 n，2≤n≤20。

第二行，n 个整数，每个整数 x 取值范围：-10000≤x≤10000。

【输出格式】

一行，2 个整数，分别表示输入的 n 个整数的最大值和最小值。

【输入/输出样例】

样例	输入	输出
1	4 2 3 1 4	4 1
2	5 2 1 -3 -4 8	8 -4

【算法分析】

本题可以将指针变量作为自定义函数 FindMaxMin()的形参，将 main()函数中存放最大值变量和最小值变量的地址作为实参调用函数。在函数 FindMaxMin()中用指针变量来间接求出数组元素最大值和最小值，函数原型声明为：

```
void FindMaxMin(int num[], int n, int *pMax, int *pMin);
```

实践 8.2：字符串逆置。

【题目描述】

在学习数据结构与算法时，大家经常会遇到逆置问题。老师要求小民设计并实现一个字符串逆置算法，具体要求如下：

（1）定义函数 MakeReverse()实现字符串逆置；

（2）在 main()函数中完成字符串的输入和输出；

（3）在 main()函数中调用函数 MakeReverse()，将输入的字符串逆置。

【输入格式】

第一行，1 个字符串，字符串长度不超过 50。

【输出格式】

一行，1 个字符串，逆置后的字符串。

【输入/输出样例】

样例	输入	输出
1	abcd	dcba
2	I love football	llabtoof evol I

【算法分析】

定义函数 MakeReverse()实现字符串逆置，函数原型为 void MakeReverse(char *pStr)。在该函数内部定义指针变量 pStart 指向字符串的第一个字符，定义指针变量 pEnd 指向字符串的最后一个字符，当 pStart 小于 pEnd 时，循环执行操作：将 pStart 指向的字符与 pEnd 指向的字符交换，直到 pStart 等于 pEnd 时循环结束。

提示：求字符串最后一个字符的位置需要知道字符串的长度，而求字符串的长度可以采用库函数 strlen()来求解，也可以通过循环操作数组下标来求解。

实践 8.3：回文字符串。

【题目描述】

在例题 3.1 中已经通过操作数组下标来实现判定回文字符串的算法。在学习了字符指针的相关知识后，老师又要求小民通过操作字符指针来判定字符串是否是回文。

【输入格式】

一行，1 个字符串，字符串长度不超过 50。

【输出格式】

一行，1 个字符串，如果输入字符串是回文，则输出 Yes，否则输出 No。

【输入/输出样例】

样例	输入	输出
1	LeveL	Yes
2	abcdefdecba	No

【算法分析】

（1）设置两个指针变量 pStart 和 pEnd，让 pStart 指向字符串首字符，让 pEnd 指向字符串尾字符；

（2）利用循环比较上述两个指针所指字符，当对应的两字符相等且两指针未超过对方时，继续循环并修改指针的指向，使得 pStart 指向后一个字符，pEnd 指向前一个字符；

（3）根据循环结束时两指针的位置关系来判断字符串是否为回文。

实践 8.4：结构体数组的应用。

【题目描述】

小民是学校篮球队队员，教练求助小民完成以下队员信息管理任务：输入球员人数 n，再输入每个球员的姓名和号码，然后按与输入相反的顺序输出每个球员的姓名和号码。要求用结构体数组来存放球员的姓名和号码，用结构体指针来操作结构体数组元素。

【输入格式】

第一行，1 个正整数 n，2≤n≤20，表示球员人数。

接下来 n 行，每行 1 个字符串 name 和 1 个正整数 num，分别表示球员的姓名和号码；1≤name 的长度≤20，姓名中不会出现空格，1≤num≤100。

【输出格式】

n 行，每行 1 个字符串和 1 个正整数，分别表示球员的姓名和号码。

【输入/输出样例】

样例	输入	输出
1	3 Ronaldo 7 Zidane 10 Piero 10	Piero 10 Zidane 10 Ronaldo 7

【算法分析】

（1）首先定义球员结构体类型 player，该结构体类型数据成员包括球员的姓名和号码；

（2）在 main()函数中定义结构体数组 pyr[]和结构体指针 p，定义球员人数变量 n；

（3）在 main()函数中输入球员人数，接着循环输入指针 p 所指向球员的信息；然后用循环反序输出指针 p 所指向的球员信息。

实践 8.5：指针数组的应用。

【题目描述】

根据新需求，教练又求助小民完成以下队员信息管理任务：输入球员人数 n，再输入 n 个球员姓名，然后将球员姓名升序排序，要求使用函数 malloc()来申请动态数组存放队员的姓名字符串。

【输入格式】

第一行，1 个正整数 n，2≤n≤20，表示球员人数。

接下来 n 行，每行 1 个字符串，表示球员的姓名，球员的姓名长度不超过 20，并且球员姓名中不包含空格。

【输出格式】

n 行，每行 1 个字符串，表示升序排序后球员的姓名。

【输入/输出样例】

样例	输入	输出
1	4 Huangcaiyan Maihaidong Luye Lifugao	Huangcaiyan Lifugao Luye Maihaidong

【算法分析】

（1）定义字符指针数组 name[]；

（2）输入球员人数 n；然后循环 n 次，每次循环让指针变量 name[i]通过 malloc()函数动态申请一个姓名字符串空间，然后输入球员姓名存放到该空间中；

（3）采用排序算法对 n 个姓名字符串进行升序排序；

（4）输出排序后的 n 个姓名字符串；

（5）循环释放 name[i]所指向的动态内存空间。

实践 8.6：通用函数的应用。

【题目描述】

为了提高信息管理效率，教练再次求助小民完成以下队员信息管理任务：输入球员人数，再输入每个球员的姓名和号码，然后输入排序方式（输入 1 表示按球员号码升序排序，输入 2 表示按球员号码降序排序），最后输出排序后的球员姓名和号码。要求用结构体数组来存放球员的姓名和号码，分别用三个函数来实现结构体数组的输入、排序和输出，要求用结构体指针作为函数的形参，同时排序函数必须是通用函数，即该函数既能实现按球员号码升序排序，也能实现按球员号码降序排序。

【输入格式】

第一行，1 个正整数 n，2≤n≤20，表示球员人数。

接下来 n 行，每行 1 个字符串 name 和 1 个正整数 num，分别表示球员的姓名和号码；1≤name 的长度≤20，姓名中不会出现空格，1≤num≤100。

接下来一行，1 个正整数 c，c=1 表示按球员号码升序排序，c=2 表示按球员号码降序排序。

【输出格式】

n 行，每行 1 个字符串和 1 个正整数，分别表示排序后的球员姓名和球员号码。

【输入/输出样例】

样例	输入	输出
1	3 Yaoming 23 Wangzhizhi 19 Yijianlian 21 1	Wangzhizhi 19 Yijianlian 21 Yaoming 23
2	4 Yaoming 23 Wangzhizhi 19 Yijianlian 21 Lili 19 2	Yaoming 23 Yijianlian 21 Wangzhizhi 19 Lili 19

【算法分析】

（1）定义结构体数据类型 player 用来存放球员姓名和球员号码；

（2）用结构体数组 pyr[]来存放 n 个球员的姓名和号码；

（3）用函数 Input()来输入 n 个球员信息，函数原型如下：

```
void Input(struct player *p, int n );
```

（4）用函数 BubbleSort()来实现按球员号码升序及降序排序，此函数的一个形参必须使用函数指针才能实现通用排序，函数原型如下：

```
void BubbleSort (struct player *p, int n, int (*compare)(int a, int b) );
```

（5）用函数 Output()来输出 n 个球员信息，函数原型如下：

```
void Output(struct player *p, int n );
```

（6）在主函数中调用 Input()、BubbleSort()、Output()完成问题求解。

第 9 章　学生成绩管理系统

1. 培养学生对于实际应用建立数学模型、分析问题、解决问题的能力；
2. 提高学生综合实践编程的能力；
3. 培养学生在项目开发中的团队合作精神、创新意识及能力；
4. 培养学生软件工程规范化思想，养成良好的科学作风。

9.1　设 计 要 求

【问题描述】

在学校学生人数日益增长的背景下，手工管理学生成绩已经不能满足工作效率要求。本章要求设计及实现一个学生成绩管理系统，简单模拟学生成绩管理过程，用户可通过菜单界面对学生的成绩信息进行增加、删除、修改、排序、查询、统计等操作。

【需求分析】

1. 使用线性表实现数据存储（学生人数 n，0≤n≤100）；
2. 实现学生成绩信息的增加、删除、修改功能；
3. 按成绩总分或课程成绩升序排序（至少采用两种排序方法实现）；
4. 按学生学号或姓名查找记录信息（至少采用两种查找方法实现）；
5. 统计各门课程成绩的平均分、最高分、最低分、各分数阶段人数及占比等信息。

9.2　系统设计思路

9.2.1　主界面设计

为了实现各项系统功能，设计一个含有多个菜单项的主控菜单函数，通过该函数链接系统的各项功能，实现简单的互动，满足用户的操作需求。管理系统主菜单的运行界面如图 9.1 所示。

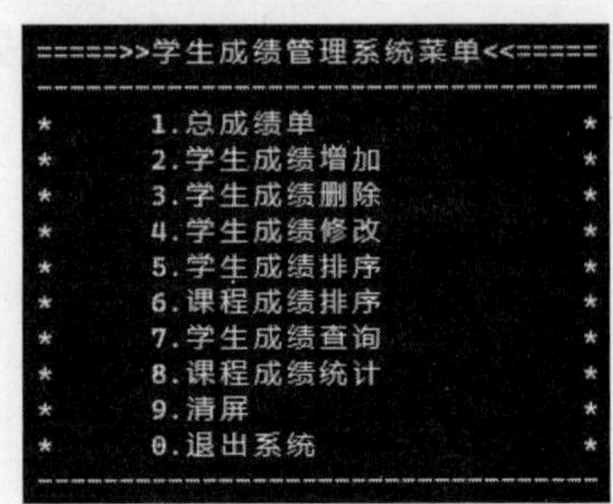

图 9.1　管理系统主菜单

9.2.2　数据结构设计

线性表是具有相同数据类型的 n（n≥0）个数据元素的有限序列，其中 n 为表长，当 n = 0 时，线性表是一个空表。若用 L 命名线性表，则其一般表示如下：

$$L=(a_1, a_2, \cdots, a_i, a_{i+1}, \cdots, a_n)$$

学生成绩管理系统需要存储 n 名学生的信息，其中包括每名学生的学号、姓名、语文成绩、数学成绩、英语成绩。把学生信息封装成一个结构体（记录），以学生信息记录作为元素，那么本应用系统要存储的信息就是一个长度为 n 的线性表。

线性表的存储结构可分为顺序存储结构和链式存储结构：顺序存储结构是将数据依次存储在连续的整块物理空间中，简称顺序表；链式存储结构将数据分散存储在物理空间中，通过指针保存着它们之间的逻辑关系，简称链表。在本学生成绩管理系统中，由于事先知道学生人数的最大值为 100，而且在日常使用中对数据的频繁操作是查找及遍历，所以本系统采用顺序表作为存储结构。

顺序表定义如下：

```
#define SIZE 100                // 0≤学生人数≤100
typedef struct
{
    int no;                     //学号
    char name[20];              //姓名
    int score[3];               //score[0]～score[2]依次表示语文成绩、数学成绩、英语成绩
} ElemType;                     //如果成绩等于-1，表示学生没有参加该科目的考试
typedef struct
{
    ElemType *elem;             //存储空间基址，动态数组
    int length;                 //当前长度，学生人数
    int listSize;               //当前分配的存储容量
} SqList;
SqList l;                       //顺序表 1
```

长度为 10 的顺序表内存空间示意图如图 9.2 所示。

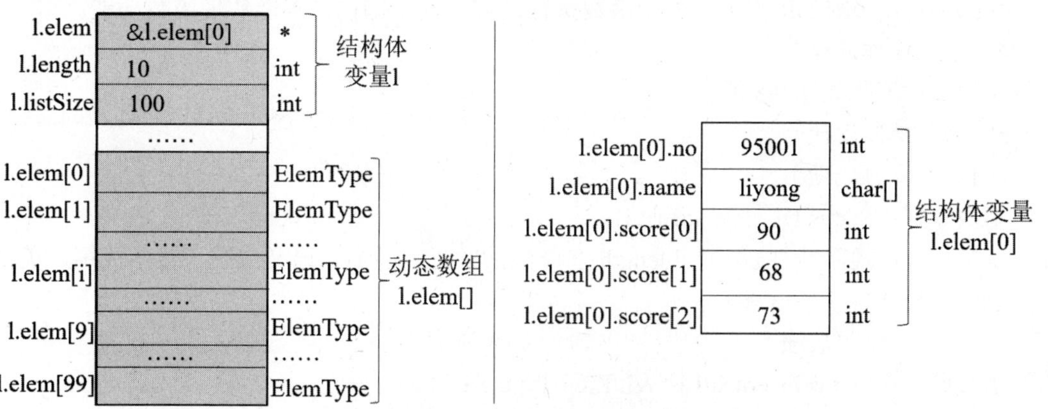

图 9.2　长度为 10 的顺序表内存空间示意图

顺序表 l 是一个 SqList 型的结构体变量，包括 elem、length、listSize 3 个成员变量，通过指针 l.elem 申请 SIZE 个动态的 ElemType 型结构体空间，即动态数组，每个数组元素都是 ElemType 型结构体变量，用来存储当前 l.length 个学生的 5 项信息。

9.2.3 系统模块设计

1. 模块化设计思想

模块化设计思想，简单地说就是程序的编写不是开始就逐条录入指令，而是首先用主函数、子函数、子过程等框架把软件的主要结构和流程描述出来，并定义和调试好各个框架之间的输入、输出连接关系；然后以功能块为单位进行子函数和子过程的设计。模块化的目的是降低程序复杂度，使程序设计、调试和维护等操作简单化。模块化设计是绿色设计方法之一，它已经从理念转变为较成熟的设计方法。

2. 引用参数

在 C++中，函数形参表中以符号“&”开始的参数即为引用参数。如果一个形参是引用参数，则它就是与之对应的实参的一个别名，别名与实参共用地址，所以在函数中改变引用参数的值就是改变实参的值。在本应用系统中，函数间经常要进行较大数据量的信息传递，从算法效率考虑，会将参数设计为使用引用。引用参数的概念与指针有些类似，但是它们之间还是有区别的，请读者自行查阅相关资料进行学习。

3. 算法的健壮性

计算机科学中，健壮性是指一个计算机系统在执行过程中处理错误，以及算法在遭遇输入、运算等异常时继续正常运行的能力。一个算法越健壮，就越能够适应输入数据的变化并保持较高的性能。在本应用系统中，我们定义 Status 为整型，用来表示函数执行的状态，在函数定义中，用 return 语句返回函数的状态码。如此定义后，在调用函数时，则可根据函数返回的状态码进入不同的分支处理，有效保障应用系统在调用函数方面的健壮性。

定义语句如下：

```
typedef int Status;
```

Status 的值通常有以下两种：

（1）1：用 OK 表示，表示函数执行完毕并且没有发生错误。

（2）0：用 ERROR 表示，表示函数执行过程中发生错误，不能实现函数功能。

4. 系统操作流程

系统操作流程如图 9.3 所示。

5. 函数功能设计

（1）显示总成绩单。

函数原型：Status Display(SqList l);

函数功能：显示线性表 l 中 l.length 名学生的学号、姓名、语文成绩、数学成绩、英语成绩、总分、平均分 7 项信息。

（2）添加学生成绩。

函数原型：Status Insert(SqList &l, ElemType e);

函数功能：在线性表 l 当前长度的末尾添加一个学生的成绩信息，包括学号、姓名、语文成绩、数学成绩、英语成绩 5 项信息。

（3）删除学生成绩。

函数原型：Status Delete(SqList &l,int id);

函数功能：删除线性表 l 中学号为 id 的学生信息记录。

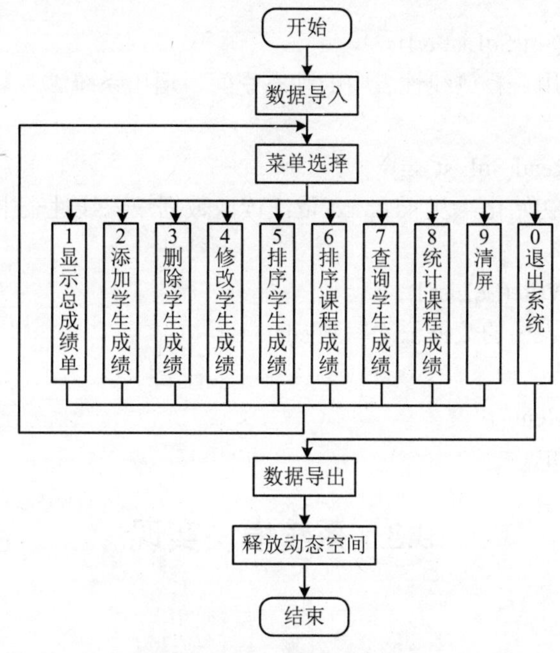

图 9.3　系统操作流程图

（4）修改学生成绩。

函数原型：Status Update(SqList &l,int id,int newSore[3]);

函数功能：修改线性表 l 中学号为 id 的学生的成绩信息为 newSore[0..2]。

（5）排序学生成绩。

函数原型：Status StudentSort(SqList &l);

函数功能：在线性表 l 中，对当前所有学生按成绩总分进行升序排序。

（6）排序课程成绩。

函数原型：Status CourseSort(SqList &l,int order);

函数功能：在线性表 l 中，对当前所有学生按科目成绩进行升序排序，order=0～2 依次表示语文、数学、英语。

（7）查询学生成绩。

函数原型：Status Search(SqList l,int id);

函数功能：查找线性表 l 中学号为 id 的学生，输出该学生的学号、姓名、语文成绩、数学成绩、英语成绩、总分、平均分 7 项信息。

（8）统计课程成绩。

函数原型：Status Count(SqList l);

函数功能：在线性表 l 中，按科目进行成绩统计，每门课程统计信息包括总人数、平均分、最高分、最低分、合格人数、合格率、各分数阶段的人数及占比。

（9）清屏。

函数原型：Status Clear ();

函数功能：清屏，便于更清楚地显示后续信息。

（10）退出系统。

函数原型：Status Quit(SqList &l);

函数功能：结束使用，释放线性表中的动态空间，退出系统。

（11）数据导入。

函数原型：Status Read(SqList &l);

函数功能：线性表初始化，从 sdata.txt 依次读取数据填入线性表中。

（12）数据导出。

函数原型：Status Write(SqList l);

函数功能：把线性表中的数据依次写到 sdata.txt 中。

（13）菜单函数。

函数原型：Status Menu();

函数功能：显示菜单。

9.3 系统模块实现

1. 主函数

```
int main()
{
    调用 Menu();
    调用 Read();        //申请动态空间，导入数据
    flag=true;
    while(flag)
    {
        输入 n;         //检查 n 的合法性
        switch(n)
        {
            case 1:组织调用 Display()，显示总成绩单; break;
            case 2:组织调用 Insert()，在表尾插入学生信息; break;
            ……
            case 9:组织调用 Clear ()，清屏并重新显示主菜单; break;
            case 0: flag=false; break;
        }
    }
    调用 Write();       //导出数据
    调用 Quit();        //释放动态空间
}
```

2. 显示总成绩单函数

（1）算法设计与实现。

```
Status Display(SqList l)
{
    输出题头信息;
    for (i=0;i<=l.length-1;i++)
    {
        输出 l.elem[i]的学号、姓名、三科成绩、总分、平均分;
        //总分和平均分并没有存储在线性表中，要通过计算获得
    }
    return OK;
}
```

（2）测试结果。

测试结果如图 9.4 所示。

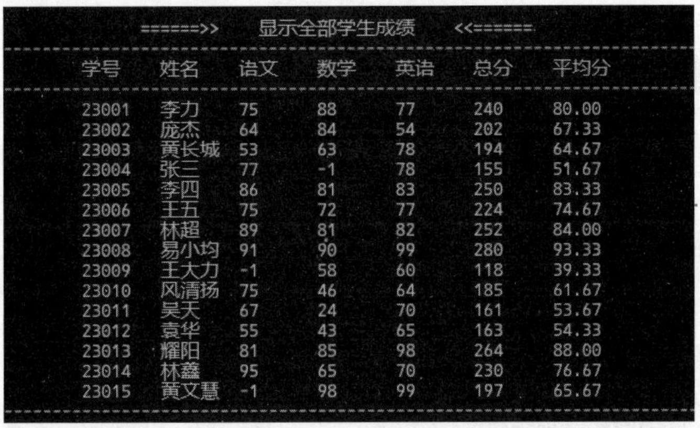

======>>　显示全部学生成绩　<<======

学号	姓名	语文	数学	英语	总分	平均分
23001	李力	75	88	77	240	80.00
23002	庞杰	64	84	54	202	67.33
23003	黄长城	53	63	78	194	64.67
23004	张三	77	-1	78	155	51.67
23005	李四	86	81	83	250	83.33
23006	王五	75	72	77	224	74.67
23007	林超	89	81	82	252	84.00
23008	易小均	91	90	99	280	93.33
23009	王大力	-1	58	60	118	39.33
23010	风清扬	75	46	64	185	61.67
23011	吴天	67	24	70	161	53.67
23012	袁华	55	43	65	163	54.33
23013	耀阳	81	85	98	264	88.00
23014	林鑫	95	65	70	230	76.67
23015	黄文慧	-1	98	99	197	65.67

图 9.4　显示总成绩单测试结果

3. 添加学生成绩信息函数

（1）算法设计与实现。

```
Status Insert(SqList &l,ElemType e)
{
    if (l 空间足够)
    {
        l.elem[l.length].no=e.no;
        l.elem[l.length].name=e.name;
        l.elem[l.length].score[0..2]=e.score[0..2];
        l.length++;
        return OK;    //添加成功
    }
    else
        return ERROR;    //添加失败
}
```

（2）测试结果。

测试结果如图 9.5 所示。

```
=======>>    增加学生成绩    <<===
学号：23016
姓名：王洛
语文：95
数学：87
英语：92
```

=======>> 显示全部学生成绩 <<======

学号	姓名	语文	数学	英语	总分	平均分
23001	李力	75	88	77	240	80.00
23002	庞杰	64	84	54	202	67.33
23003	黄长城	53	63	78	194	64.67
23004	张三	77	-1	78	155	51.67
23005	李四	86	81	83	250	83.33
23006	王五	75	72	77	224	74.67
23007	林超	89	81	82	252	84.00
23008	易小均	91	90	99	280	93.33
23009	王大力	-1	58	60	118	39.33
23010	风清扬	75	46	64	185	61.67
23011	吴天	67	24	70	161	53.67
23012	袁华	55	43	65	163	54.33
23013	耀阳	81	85	98	264	88.00
23014	林鑫	95	65	70	230	76.67
23015	黄文慧	-1	98	99	197	65.67
23016	王洛	95	87	92	274	91.33

图 9.5　添加学生成绩信息测试结果

4. 删除学生成绩信息函数

（1）算法设计与实现。

```
Status Delete(SqList &l, int id)
{
    for (i=0; i<=l.length-1; i++)
    {
        if (l.elem[i].no==id)
        {
            for (j=i+1; j<= l.length-1; j++)
                l.elem[j-1]=l.elem[j];
            l.length--;
            return OK;    //删除成功
        }
    }
    return ERROR;    //不存在学号为 id 的学生，删除失败
}
```

（2）测试结果。

测试结果如图 9.6 所示。

```
请输入需要删除的学生学号：
23008
=======>>  学生信息查询结果如下  <<====
学号：23008
姓名：易小均
语文：91
数学：90
英语：99
总分：280
```

=======>> 显示全部学生成绩 <<======

学号	姓名	语文	数学	英语	总分	平均分
23001	李力	75	88	77	240	80.00
23002	庞杰	64	84	54	202	67.33
23003	黄长城	53	63	78	194	64.67
23004	张三	77	-1	78	155	51.67
23005	李四	86	81	83	250	83.33
23006	王五	75	72	77	224	74.67
23007	林超	89	81	82	252	84.00
23009	王大力	-1	58	60	118	39.33
23010	风清扬	75	46	64	185	61.67
23011	吴天	67	24	70	161	53.67
23012	袁华	55	43	65	163	54.33
23013	耀阳	81	85	98	264	88.00
23014	林鑫	95	65	70	230	76.67
23015	黄文慧	-1	98	99	197	65.67

图 9.6　删除学生成绩信息测试结果

5. 修改学生成绩信息函数

（1）算法设计与实现。

```
Status Update(SqList &l, int id, int newScore[3])
{
    for (i=0; i<=l.length-1; i++)
    {
        if (l.elem[i].no==id)
        {
            l.elem[i].score[0..2]=newScore[0..2];
            return OK;    //修改成功
        }
    }
    return ERROR;   //不存在学号为 id 的学生，修改失败
}
```

（2）测试结果。

测试结果如图 9.7 所示。

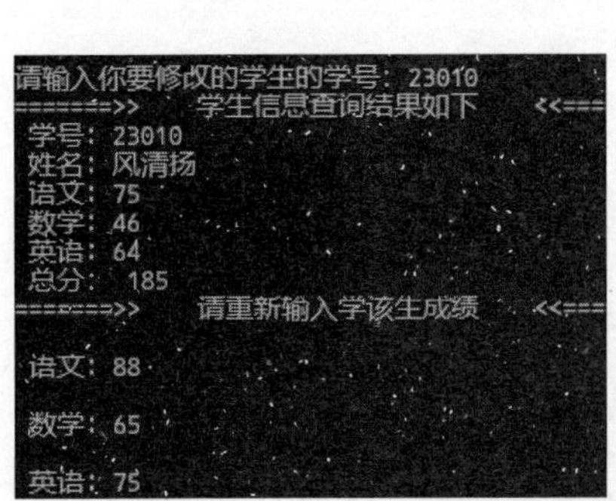

=====>>　显示全部学生成绩　<<=====

学号	姓名	语文	数学	英语	总分	平均分
23001	李力	75	88	77	240	80.00
23002	庞杰	64	84	54	202	67.33
23003	黄长城	53	63	78	194	64.67
23004	张三	77	-1	78	155	51.67
23005	李四	86	81	83	250	83.33
23006	王五	75	72	77	224	74.67
23007	林超	89	81	82	252	84.00
23008	易小均	91	90	99	280	93.33
23009	王大力	-1	58	60	118	39.33
23010	风清扬	88	65	75	228	76.00
23011	吴天	67	24	70	161	53.67
23012	袁华	55	43	65	163	54.33
23013	耀阳	81	85	98	264	88.00
23014	林鑫	95	65	70	230	76.67
23015	黄文慧	-1	98	99	197	65.67

图 9.7　修改学生成绩信息测试结果

6. 学生成绩排序函数

（1）算法设计与实现。

```
Status StudentSort(SqList &l)   //冒泡排序，按总分升序排序
{
    for (i=0; i<l.length-1; i++)
    {
        for (j=0; j< l.length-i-1; j++)
        {
            if (l.elem[j].score[0..2] 数组求和>l.elem[j+1].score[0..2] 数组求和)
            {
                temp=l.elem[j];
                l.elem[j]=l.elem[j+1];
                l.elem[j+1]=temp;
            }
        }
    }
    return OK;
}
```

（2）测试结果。

测试结果如图 9.8 所示，其中左图为排序前显示，右图为排序后显示。

======>> 显示全部学生成绩 <<======

学号	姓名	语文	数学	英语	总分	平均分
23001	李力	75	88	77	240	80.00
23002	庞杰	64	84	54	202	67.33
23003	黄长城	53	63	78	194	64.67
23004	张三	77	-1	78	155	51.67
23005	李四	86	81	83	250	83.33
23006	王五	75	72	77	224	74.67
23007	林超	89	81	82	252	84.00
23008	易小均	91	90	99	280	93.33
23009	王大力	-1	58	60	118	39.33
23010	风清扬	75	46	64	185	61.67
23011	吴天	67	24	70	161	53.67
23012	袁华	55	43	65	163	54.33
23013	耀阳	81	85	98	264	88.00
23014	林鑫	95	65	70	230	76.67
23015	黄文慧	-1	98	99	197	65.67

======>> 显示全部学生成绩 <<======

学号	姓名	语文	数学	英语	总分	平均分
23009	王大力	-1	58	60	118	39.33
23004	张三	77	-1	78	155	51.67
23011	吴天	67	24	70	161	53.67
23012	袁华	55	43	65	163	54.33
23010	风清扬	75	46	64	185	61.67
23003	黄长城	53	63	78	194	64.67
23015	黄文慧	-1	98	99	197	65.67
23002	庞杰	64	84	54	202	67.33
23006	王五	75	72	77	224	74.67
23014	林鑫	95	65	70	230	76.67
23001	李力	75	88	77	240	80.00
23005	李四	86	81	83	250	83.33
23007	林超	89	81	82	252	84.00
23013	耀阳	81	85	98	264	88.00
23008	易小均	91	90	99	280	93.33

图 9.8 学生成绩总分升序排序测试结果

7. 课程成绩排序函数

（1）算法设计与实现。

```
Status CourseSort(SqList &l, int order)   //冒泡排序，按科目成绩升序排序
{
    for (i=0; i< l.length-1; i++)
    {
        for (j=0; j< l.length-i-1; j++)
        {
            if (l.elem[j].score[order]>l.elem[j+1].score[order])
            {
                temp=l.elem[j];
                l.elem[j]=l.elem[j+1];
                l.elem[j+1]=temp;
            }
        }
    }
    return OK;
}
```

（2）测试结果。

测试结果如图 9.9 所示，其中左图为排序前显示，右图为排序后显示。

======>> 显示全部学生成绩 <<======

学号	姓名	语文	数学	英语	总分	平均分
23001	李力	75	88	77	240	80.00
23002	庞杰	64	84	54	202	67.33
23003	黄长城	53	63	78	194	64.67
23004	张三	77	-1	78	155	51.67
23005	李四	86	81	83	250	83.33
23006	王五	75	72	77	224	74.67
23007	林超	89	81	82	252	84.00
23008	易小均	91	90	99	280	93.33
23009	王大力	-1	58	60	118	39.33
23010	风清扬	75	46	64	185	61.67
23011	吴天	67	24	70	161	53.67
23012	袁华	55	43	65	163	54.33
23013	耀阳	81	85	98	264	88.00
23014	林鑫	95	65	70	230	76.67
23015	黄文慧	-1	98	99	197	65.67

======>> 显示全部学生成绩 <<======

学号	姓名	语文	数学	英语	总分	平均分
23009	王大力	-1	58	60	118	39.33
23015	黄文慧	-1	98	99	197	65.67
23003	黄长城	53	63	78	194	64.67
23012	袁华	55	43	65	163	54.33
23002	庞杰	64	84	54	202	67.33
23011	吴天	67	24	70	161	53.67
23001	李力	75	88	77	240	80.00
23006	王五	75	72	77	224	74.67
23010	风清扬	75	46	64	185	61.67
23004	张三	77	-1	78	155	51.67
23013	耀阳	81	85	98	264	88.00
23005	李四	86	81	83	250	83.33
23007	林超	89	81	82	252	84.00
23008	易小均	91	90	99	280	93.33
23014	林鑫	95	65	70	230	76.67

图 9.9 按语文成绩升序排序测试结果

8. 学生成绩查询函数

（1）算法设计与实现。

```
Status Search(SqList l, int id)      //顺序查找
{
    for (i=0; i<=l.length-1; i++)
    {
        if (l.elem[i].no==id)
        {
            统计 l.elem[i] 的总分、平均分;
            输出 l.elem[i] 相关信息;
            return OK;   //查找成功
        }
    }
    return ERROR;   //不存在学号为 id 的学生，查找失败
}
```

（2）测试结果。

测试结果如图 9.10 所示。

```
======>>    显示全部学生成绩    <<======
-----------------------------------------------------------
学号    姓名    语文    数学    英语    总分    平均分
-----------------------------------------------------------
23001   李力    75      88      77      240     80.00
23002   庞杰    64      84      54      202     67.33
23003   黄长城  53      63      78      194     64.67
23004   张三    77      -1      78      155     51.67
23005   李四    86      81      83      250     83.33
23006   王五    75      72      77      224     74.67
23007   林超    89      81      82      252     84.00
23008   易小均  91      90      99      280     93.33
23009   王大力  -1      58      60      118     39.33
23010   风清扬  75      46      64      185     61.67
23011   吴天    67      24      70      161     53.67
23012   袁华    55      43      65      163     54.33
23013   耀阳    81      85      98      264     88.00
23014   林鑫    95      65      70      230     76.67
23015   黄文慧  -1      98      99      197     65.67
-----------------------------------------------------------
```

```
请输入你要查询的学生的学号：23010
========>>    学生信息查询结果如下    <<======
 学号：23010
 姓名：风清扬
 语文：75
 数学：46
 英语：64
 总分： 185
 平均分：61.67
```

图 9.10　学生成绩查询测试结果

9. 课程成绩统计函数

（1）算法设计与实现。

```
Status Count(SqList l)
{
    for (i=0; i<=l.length-1; i++)
    {
        统计 l.elem[i].score[0] 语文成绩数据;
        //数据包括：考试总人数、合格人数、总分、最高分、最低分、各分数阶段的人数
        统计 l.elem[i].score[1] 数学成绩数据;  //数据同上
        统计 l.elem[i].score[2] 英语成绩数据;  //数据同上
    }
    for (i=0; i<=2; i++)
    {
        计算课程 i 的平均分、合格率、各分数阶段的人数占比;
        输出课程 i 的所有统计数据;
```

```
    }
    return OK;
}
```

（2）测试结果。

测试结果如图 9.11 所示。

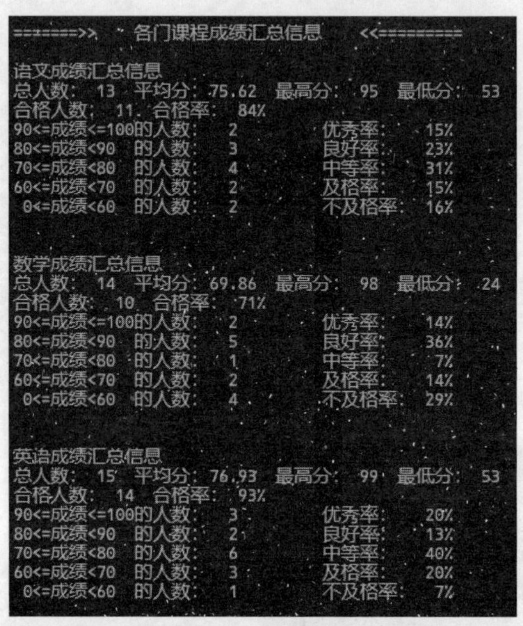

图 9.11　课程成绩统计测试结果

10. 清屏函数

```
Status Clear ()
{
    system("cls");              //Windows 系统专有函数
    Menu();
    return OK;
}
```

11. 退出系统函数

```
Status Quit(sqList &l)   //释放动态空间
{
    free(l.elem);
    l.length=0;
    l.listSize=0;
    return OK;
}
```

参 考 文 献

[1] 乔恩・克莱因伯格，伊娃・塔多斯．算法设计：英文版[M]．北京：人民邮电出版社，2018．
[2] 李春葆．算法设计与分析[M]．2 版．北京：清华大学出版，2018．
[3] 郑秋生，夏敏捷．C/C++程序设计教程：面向过程分册[M]．3 版．北京：电子工业出版社，2017．
[4] 盖瑞・J．布朗森．标准 C 语言基础教程：英文版[M]．4 版．北京：电子工业出版社，2018．
[5] 刘汝佳．算法竞赛入门经典[M]．2 版．北京：清华大学出版社，2014．
[6] 托马斯・科尔曼，查尔斯・雷瑟尔森，罗纳德・李维斯特，等．算法导论：原书第 3 版[M]．殷建平，徐云，王刚，译．北京：机械工业出版社，2013．
[7] 史蒂芬・普拉达．C Primer Plus：英文版[M]．6 版．北京：人民邮电出版社，2016．
[8] 黄文均．C/C++程序设计：面向过程[M]．北京：电子工业出版社，2016．
[9] 李春葆．算法设计与分析（第 2 版）学习与实验指导[M]．北京：清华大学出版社，2018．
[10] 苏小红，赵玲玲，孙志岗，等．C 语言程序设计[M]．4 版．北京：高等教育出版社，2019．